基于深度学习的
短文本分类

鲁富宇　冷泳林　著

北　京
冶金工业出版社
2024

内 容 提 要

本书深入探讨了深度学习在短文本分类领域的研究与应用，通过对深度学习模型、词嵌入技术等关键概念的详细讨论，阐述了深度学习在短文本分类中的原理和方法，并展示了深度学习在短文本分类应用的具体实例和未来发展方向，包括电子政务短文本信息挖掘、融合 TextCNN-BiGRU 的文本情感分类算法，以及基于 MSF-GCN 的短文本分类模型等内容。

本书可供从事文本处理和自然语言处理的研究人员、工程师以及相关领域的决策者阅读参考。

图书在版编目(CIP)数据

基于深度学习的短文本分类／鲁富宇，冷泳林著 . —北京：冶金工业出版社，2024.6

ISBN 978-7-5024-9883-2

Ⅰ.①基…　Ⅱ.①鲁…　②冷…　Ⅲ.①自然语言处理—研究　Ⅳ.①TP391

中国国家版本馆 CIP 数据核字(2024)第 112126 号

基于深度学习的短文本分类

出版发行	冶金工业出版社	电　话	(010)64027926
地　址	北京市东城区嵩祝院北巷 39 号	邮　编	100009
网　址	www.mip1953.com	电子信箱	service@ mip1953.com

责任编辑　姜恺宁　美术编辑　吕欣童　版式设计　郑小利
责任校对　葛新霞　责任印制　窦　唯
北京建宏印刷有限公司印刷
2024 年 6 月第 1 版，2024 年 6 月第 1 次印刷
710mm×1000mm　1/16；8.5 印张；166 千字；127 页
定价 69.00 元

投稿电话　(010)64027932　投稿信箱　tougao@cnmip.com.cn
营销中心电话　(010)64044283
冶金工业出版社天猫旗舰店　yjgycbs.tmall.com
(本书如有印装质量问题，本社营销中心负责退换)

前　言

　　在现代社会，随着数字化和网络化的迅猛发展，我们每天都会接触到大量的短文本信息。这些来自社交媒体、在线聊天、搜索引擎查询、新闻头条以及产品评论的文本数据迅速地传递着用户的意图、情绪和观点。这些数据对于企业和研究人员而言是洞察用户行为、掌握市场动态和理解公共意见的宝贵资源。因此，如何从这些简洁的文本中挖掘出有价值的信息，已成为信息时代的一大挑战。短文本分类是文本挖掘中的一个关键任务，目的是将这些文本自动分类到预定的类别中。这在许多实际应用中至关重要。例如，情感分析可以帮助企业了解消费者对产品的看法，主题分类助力编辑快速整理资料，舆情监控则让政府及时了解民众的焦点问题。准确高效的短文本分类不仅可以提高这些任务的执行效率，还可以为决策提供强有力的数据支持。然而，短文本分类面临着一些挑战，其中最主要的是信息稀疏性。由于文本长度的限制，短文本往往缺乏足够的上下文信息，难以捕捉文本的深层语义。此外，短文本的表达更为碎片化和随意，可能包含大量的网络用语、缩写和非正式表达。这些特点使得传统的文本分类方法难以胜任，需要更智能的算法来理解和处理这些文本。

　　在这种背景下，深度学习技术应运而生。与传统机器学习方法不同，深度学习能够通过构建复杂的网络结构，从大量数据中自动学习特征，无需人工干预。特别是在自然语言处理领域，深度学习展现出了强大的语义理解能力。例如，通过词嵌入技术，深度学习模型能够将词语转换为包含丰富语义信息的向量，从而有效地捕捉单词间微妙的关系。此外，复杂的网络结构如卷积神经网络、循环神经网络和注意力机制等，进一步增强了模型对文本结构和上下文的理解能力。因此，深入研究深度学习在短文本分类中的应用，不仅对于推动自然语言处理技术的发展具有重要意义，对于解决实际应用中的文本分类问题也具有重要价值。随着深度学习技术的不断进步和创新，我们有理由相信，短文本分类的准确度和效率将得到显著提升，从而更好地服务于社会和经济发展。

本书为深度学习在短文本分类中的应用提供了全面的视角，不仅包含了理论知识，还包括了丰富的实际应用案例和未来展望。通过这些内容的综合呈现，为读者揭示了深度学习技术在短文本分类领域中的广泛应用和深远影响。

限于作者水平，书中难免存在疏漏之处，敬请广大读者批评指正。

作　者

2024 年 2 月

目　　录

1 绪 论

1.1 短文本分类现状及重要性

当今世界正处于数字化和网络化的时代，我们被源源不断产生的短文本数据所包围。社交媒体、在线聊天室、搜索引擎查询、新闻标题，还有产品评论等领域日益膨胀的数据量不仅仅是信息的集合，更是理解消费者意图、情感和市场趋势的关键。短文本虽短，却迅速而精准地反映了人们的思考和情绪。在这些简短的文字里挖掘信息，对于捕捉时刻变化的用户行为和公共舆论有着不可估量的价值。但这项任务远非易事，短文本的信息稀疏性和非正式表达方式对传统文本分类方法构成了挑战，这些方法往往在面对这类文本时效果不佳，无法捕捉到足够的上下文信息以理解深层含义。如何从这些简短的文本中提取有价值的信息，已成为研究者的一个重要课题[1]。

短文本分类是文本挖掘领域中的一项核心任务，涉及将文本数据自动分类到预定义的类别中。这一技术的应用范围极广，包括但不限于情感分析、主题分类和舆情监控。例如，情感分析可以帮助企业从消费者的反馈中抽取情绪倾向，了解他们对产品或服务的满意度；主题分类能够帮助内容管理者迅速识别和归档大量的新闻或文章，提高信息处理的效率；舆情监控则使政府或公共机构能够及时监测和分析公众对于某些事件或政策的反应和态度。这些应用的有效性直接依赖于短文本分类技术的准确性与高效性，它们在处理大量数据时能够提供快速而准确的结果，从而支持决策制定和策略调整[2-5]。

然而，短文本分类面临的挑战不容小觑，尤其是信息稀疏性问题。由于短文本通常仅包含有限的单词或短语，这些文本缺乏足够的上下文信息，使得从这些文本中捕捉到深层次的语义和意图变得异常困难。此外，短文本的表达方式往往更为碎片化和随意，这些文本常常包括大量的网络流行语、缩写词及非正式表达方式，如表情符号和网络特有的语言结构，这进一步增加了文本分类的复杂度。这些特点导致传统的基于关键词频率的文本分类方法往往难以适用，因为这些方法无法有效识别和处理文本中的隐含语义和复杂的语言表达，从而影响分类的精确度和可靠性。

在这样的背景下，深度学习技术应运而生，展现出其在自然语言处理

（Natural Language Processing，NLP）领域的独特优势。与传统的机器学习方法相比，深度学习能够通过构建更复杂的网络结构，自动从大规模的数据集中学习和提取特征，这个过程无需人工干预，大大减少了对专业知识的依赖和预处理工作的需求。这些特性使得深度学习特别适合处理信息稀疏和语义理解困难的短文本分类任务。特别是在语义理解方面，深度学习显示出其强大的能力。通过如Word2Vec、GloVe 等词嵌入技术，深度学习模型能够将单词转换成包含丰富语义信息的向量。这些向量不仅捕捉了单词的基本意义，还揭示了单词之间的复杂关系，如同义词和反义词关系，以及单词在不同上下文中的变化。此外，深度学习的复杂网络结构如卷积神经网络（Convolutional Neural Networks，CNN）[6]、循环神经网络（Recurrent Neural Network，RNN）[7]和基于注意力机制模型[8]进一步增强了对文本结构的处理能力和对上下文信息的理解能力。其中，CNN 擅于捕捉局部特征，适合提取文本中的关键信息；RNN 能够处理文本数据的序列性，易于捕获时间或语序上的依赖关系；而注意力机制能够在处理文本的长距离依赖信息时，高效地分配计算资源关注重要部分的信息，这些都极大地提升了模型处理短文本的能力。

因此，深入研究深度学习在短文本分类中的应用，不仅对于推动自然语言处理技术的发展具有重要意义，也对于解决实际应用中的文本分类问题具有重要价值。随着深度学习技术的不断进步和创新，我们有理由相信，短文本分类的准确度和效率将得到显著提升，从而在信息爆炸的时代中更好地服务于社会和经济发展[9]。

1.2　短文本与长文本处理的差异和挑战

短文本与长文本处理的差异和挑战如下：

（1）上下文信息的丰富程度。在短文本处理中，如推文、短信或搜索查询，通常只包含少量的词语，信息密度高但上下文信息有限。这种限制使得理解文本的真实意图和语义内容变得更加困难。例如，在短文本中，"苹果"一词可能指代水果也可能指代公司，而缺少额外的上下文则难以确定其确切意义。相比之下，长文本如报告、文章或书籍，提供了更为丰富的上下文信息。这些文本包含多个段落，每个段落都构建了特定的上下文，有助于理解整体内容。

（2）特征提取。在短文本中，有效特征的提取是一个挑战。由于词汇量有限，传统的基于词频的方法如词频-逆文档频率[10]（Term Frequency-Inverse Document Frequency，TF-IDF）法可能不够有效。这就需要更复杂的算法和技术来捕捉文本的深层含义。而长文本中的特征提取相对容易一些，因为词汇量丰富且句子结构更完整。这使得可以使用更传统的文本分析技术来提取长文本的关键词、短语和主题。

（3）歧义和不确定性。短文本由于缺乏足够的上下文，歧义和不确定性较高。在这种情况下，可能需要额外的信息来源或者用户交互来解决歧义问题。而长文本虽然也可能含有歧义，但其丰富的上下文信息通常有助于消除或减少这种歧义[11]。

（4）处理时间和资源。处理短文本的速度通常较快，但需要更精细的算法来处理含义丰富且上下文信息有限的文本。处理长文本则需要更多的计算资源和时间。在分析短文本时，可能需要使用高级的自然语言处理技术，如语言模型和深度学习算法[12]。

（5）信息冗余与缺失。短文本通常面临信息不足的问题，这要求算法能够从有限的数据中提取尽可能多的信息。而长文本可能包含大量的信息冗余。在这种情况下，重要的是识别并提取关键信息，如通过文本摘要或关键短语提取。

（6）情感分析和意图理解。由于缺乏足够的语境信息，短文本的情感分析和意图理解可能更为复杂。而长文本提供了更多的语境，有助于更准确地进行情感分析和揭示作者的意图[13]。

综上分析，短文本处理和长文本处理在自然语言处理领域中都占有重要地位。它们各自的特点和挑战要求开发者采用不同的方法和技术来处理。

1.3 短文本分类研究范围与方法

本书专注于深度学习技术在短文本分类领域中的应用和创新。由于短文本的特性（如信息稀疏、上下文有限），传统的基于词频的方法在短文本分类上效果有限。深度学习方法由于其强大的特征提取和表示学习能力，在这一领域显示出了显著的优势。下面，将概述深度学习在短文本分类中的研究范围和方法。

（1）情感分析。情感分析旨在识别和分类短文本中的情感倾向，这在社交媒体分析、市场研究、公共意见监测等领域尤为重要。由于短文本如推文或评论通常信息量有限，情感分析面临着理解隐含情感、捕捉细微语义变化等挑战。深度学习方法通过学习复杂的特征表示，能够有效地从这些短文本中提取情感信号。例如，循环神经网络及其变体能够捕捉文本序列中的情感动态变化，而注意力机制则可以关注文本中情感表达的关键部分。预训练语言模型如 BERT（Bidirectional Encoder Representations from Transformers）[14]和 GPT（Generative Pre-Trained Transformer）[15]通过在大规模文本上的预训练，能够更深入地理解语言的细微差异和复杂情感。此外，结合情感词典和规则方法可以进一步提高模型对特定领域或细粒度情感的识别能力。未来的研究可能集中在提高跨域和跨语言情感分析的准确性，以及在动态变化的社交媒体环境中实时适应和更新模型。

（2）主题分类。主题分类的目的是将短文本归类到预定义的类别中，如将新闻标题分类为政治、经济、体育等。这对于信息检索、内容推荐、在线舆论监控等领域至关重要。传统的基于关键词的方法在处理短文本时受限于信息稀疏性。相比之下，深度学习方法能够通过学习丰富的文本表示来克服这一限制。卷积神经网络在捕捉局部文本特征（如关键短语）方面表现出色，而循环神经网络及其变体则能够处理文本中的序列关系。最近，预训练模型如 BERT 通过利用上下文信息，显著提高了短文本分类的精确度和鲁棒性。未来的研究方向可能包括适应动态变化的分类类别（如追踪新兴话题），以及提高跨领域和跨语言的分类性能。

（3）意图识别。在对话系统和聊天机器人中，意图识别是理解用户输入的关键步骤。这通常涉及从短文本（如用户命令或查询）中识别出特定的行动意图。由于这类文本通常简短且具有多样性，传统方法难以准确捕捉用户意图。深度学习方法，尤其是 RNN 及其变体，因其优异的序列处理能力而成为该领域的主流技术。注意力机制的引入进一步提升了模型对关键信息的聚焦能力，而预训练模型如 BERT 通过理解上下文丰富的语言表达，显著提高了意图识别的准确度。未来的研究可能会集中在如何更好地整合上下文信息，处理复杂和多轮的对话场景，并在特定领域（如医疗、旅游）中进行定制化的意图识别。

（4）垃圾信息检测。随着社交媒体和在线平台的兴起，垃圾信息的检测成为了一个重要课题。短文本如评论或帖子中的垃圾信息具有隐蔽性和多样性，使得传统的基于关键词的检测方法效果不佳。深度学习方法通过学习复杂的文本表示，能够有效识别出垃圾信息中的模式。例如，CNN 能够捕捉文本中的局部模式，而 RNN 可以处理文本的序列特性。注意力机制和变压器模型通过强化对关键信息的关注，进一步提高了检测的准确性。未来的研究可能会着重于如何适应和识别不断演变的垃圾信息策略，以及如何在保护用户隐私的同时有效检测垃圾信息[16]。

深度学习在短文本分类中的应用表现出了显著的优势，尤其是在情感分析、主题分类、意图识别和垃圾信息检测等方面。通过利用词嵌入技术、CNN、RNN及其变体、注意力机制和变压器模型，深度学习方法能够有效处理短文本的特殊挑战，如信息稀疏和上下文有限。未来的研究可能会集中在提高跨领域和跨语言的适应性，处理动态变化的短文本分类任务，以及在特定领域中的定制化应用。此外，考虑到计算资源和数据隐私方面的挑战，研究也可能聚焦于如何提高模型的计算效率和隐私保护。

    本书将提供一个全面的视角，展示深度学习技术如何推动短文本分类领域的发展，以及这些技术如何解决实际问题，促进决策支持和智能服务。通过本书，读者能够获得深度学习在短文本处理领域的最新进展，以及如何在各种实际场景中应用这些先进的技术。

2　深度学习概述

深度学习，作为当今最具影响力的机器学习技术之一，已在多个领域展现了其突出的能力，特别是在处理复杂和高维度数据方面。深度学习的核心在于使用多层神经网络来自动学习数据的高级表示，这种方法的灵感源自对人脑处理信息方式的模拟。

深度学习的起源可以追溯到 20 世纪的人工神经网络，尤其是在 20 世纪 80 年代反向传播算法[17]的提出，为训练多层神经网络奠定了基础。然而，直到 2006 年，深度学习才因 Hinton 和他的同事们重新定义了多层神经网络的训练方法而引起广泛关注[18]。他们提出了逐层预训练的概念，有效解决了深层网络难以训练的问题。

随后的几年中，随着计算能力的大幅提升和大数据时代的到来，深度学习迅速崛起。特别是在图像处理、语音识别和自然语言处理等领域，深度学习技术显示出了其他机器学习技术难以匹敌的性能。其中，卷积神经网络在图像识别领域取得了革命性的进步，而循环神经网络和长短期记忆网络（Long Short Term Memory，LSTM）[19]则在处理时间序列数据，如语音和文本上展现了卓越的能力。

近年来，深度学习的发展还涵盖了更为先进的结构，如 Transformer 和 BERT，它们通过更有效的机制，如自注意力，来处理长距离的依赖关系。这些模型在自然语言处理领域，尤其是在理解和生成语言方面，取得了前所未有的成就。

总体而言，深度学习的迅速发展和广泛应用，不仅极大地推动了人工智能领域的进步，也为处理复杂数据问题，如短文本分类，提供了新的可能性和方法。随着技术的不断演进，深度学习无疑将继续在各个领域中扮演关键角色，开启更多创新的应用前景。

2.1　深度学习发展历程

深度学习的历史是丰富和多层次的，包含了一系列的创新和技术突破。

2.1.1　早期神经网络的兴起：简单线性感知器的时代

在 20 世纪 40 ~ 50 年代，神经网络的概念尚处于萌芽阶段。这个时期的代表作是简单线性感知器，它由一层输入层和一层输出层组成，模拟了生物神经元的基本功能。尽管这些早期模型由于结构简单而功能有限，无法处理复杂任务，但它们为后续人工智能的发展奠定了基础。这一时期的研究重点在于理解神经网络如何模拟人脑中的神经元活动，以及如何在机器上实现这些基本的神经处理机制[20]。

2.1.2　反向传播算法：多层神经网络的关键突破

1986 年，David Rumelhart、Geoffrey Hinton 和 Ronald Williams 提出了反向传播算法，标志着神经网络研究的重大突破。反向传播算法通过将误差从输出层逆向传播至输入层，并在此过程中逐层调整网络权重，从而使得多层神经网络的有效训练成为可能。这一技术的出现，不仅提高了神经网络处理复杂数据的能力，还为后续的深度学习奠定了理论基础。这个时期的神经网络开始从简单的模式识别扩展到更复杂的数据处理任务，如语音识别和图像处理。

2.1.3　卷积神经网络的出现：图像处理的新纪元

1989 年，Yann LeCun 等人提出了卷积神经网络。这种网络结构引入了卷积操作来提取局部特征，且具有局部连接和权值共享的特点，特别适用于图像等高维数据的处理。CNN 的设计灵感来源于生物视觉系统的结构，其能够有效识别图像中的局部模式，如边缘和纹理。随着计算能力的提升和大量标注数据的可用性，CNN 开始在图像分类、面部识别等领域展现出卓越的性能。

2.1.4　深度学习的革命：ImageNet 比赛与 AlexNet

2012 年，Alex Krizhevsky、Ilya Sutskever 和 Geoffrey Hinton[21] 设计的 AlexNet 在 ImageNet 图像分类比赛中取得了压倒性的胜利，标志着深度学习时代的到来。AlexNet 通过采用深层卷积神经网络，大幅提高了图像分类任务的准确率。这一成就不仅展示了深度神经网络在视觉任务中的强大能力，也激发了学术界和工业界对深度学习的广泛兴趣。自此以后，深度学习成为了计算机视觉、语音识别、自然语言处理等领域的核心技术。

2.1.5　循环神经网络与长短期记忆网络：序列数据处理的新篇章

循环神经网络是一种专门用于处理序列数据的神经网络。它通过在时间序列上的循环连接，使得网络能够保持对先前信息的记忆。然而，传统的 RNN 在处理长序列时面临着梯度消失或爆炸的问题。为解决这一挑战，长短期记忆网络应运而生。LSTM 通过引入门控机制，有效地控制信息的存储和遗忘，从而极大提高了网络在处理长序列数据时的性能。LSTM 和其他类型的 RNN 在语音识别、机器翻译、文本生成等领域取得了显著成果。

2.1.6　生成对抗网络的提出：新一代生成模型

2014 年，Ian Goodfellow 和他的同事们提出了生成对抗网络（Generative Adversarial Network，GAN）[22]。GAN 由两部分组成：生成器和判别器。生成器负责产生数据，而判别器负责区分生成的数据和真实数据。通过这种对抗性训练，生成器学会制造越来越逼真的数据。GAN 的提出不仅在图像生成、风格迁移等领域展现出惊人的效果，还在数据增强、无监督学习等方面展现了广泛的应用潜力。

2.1.7　自注意力与 Transformer 模型：自然语言处理的新里程碑

2017 年，Ashish Vaswani 等人提出了 Transformer 模型，这一模型完全基于自注意力机制，摒弃了传统的 RNN 和 CNN 结构。自注意力机制使得模型能够更有效地处理序列中的长距离依赖，从而在自然语言处理任务中取得了突破性成果。Transformer 模型的提出，不仅极大地推动了机器翻译、文本摘要、问答系统等领域的发展，还为后续的大型预训练模型提供了基础架构。

2.1.8　大型预训练模型的兴起：BERT、GPT 等

2018 年以后，大型预训练模型成为自然语言处理领域的主流方法。其中，BERT 通过双向 Transformer 编码器学习更丰富的上下文信息，大幅提升了各种自然语言处理任务的性能。GPT 则采用单向 Transformer 解码器进行预训练，表现出强大的生成能力。这些模型不仅在理解和生成自然语言方面取得了显著成果，还在问答系统、文本分类、情感分析等众多领域展现了广泛的应用潜力。

2.2　深度学习基本理论与模型

2.2.1　神经网络的数学基础

2.2.1.1　神经网络的基本概念

神经网络的基本概念可以从以下几个关键方面来理解。

（1）神经元模拟。神经网络的基本单元是神经元（或称节点），其灵感来源于生物大脑的神经元结构。每个神经元接收输入，对这些输入进行加权求和，然后通过一个非线性函数（激活函数）生成输出。这种结构使神经网络能够模拟复杂的、非线性的数据模式。

（2）连接权重和学习。神经网络中，神经元之间的连接由权重来表示。这些权重决定了一个神经元的输出如何影响另一个神经元的输入。神经网络通过学习算法（如反向传播）来调整这些权重，这是基于数据集上的性能表现（通常是误差或损失函数）来完成的。随着学习过程的进行，网络能够对输入数据的内在模式进行学习和建模。

（3）层级结构。神经网络通常由多层构成，包括输入层、隐藏层和输出层，如图 2-1 所示。输入层接收原始数据，输出层生成最终结果，隐藏层（可以有一个或多个）处理数据，抽取特征。每一层由多个神经元组成，层与层之间的神经元互相连接。在深度学习中，这些层的数量和复杂度增加，使网络能够捕获更深层次的数据模式。

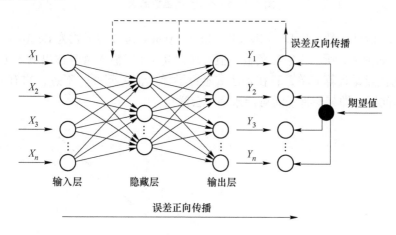

图 2-1　神经网络层级结构图

2.2.1.2　激活函数

神经网络的激活函数在网络中起着至关重要的作用，尤其是在引入非线性方面，这使得网络能够学习和模拟复杂的函数。将逐步解释激活函数的作用，然后详细介绍和比较几种常用的激活函数：Sigmoid、ReLU[23] 和 tanh[24]。

神经网络中的激活函数主要用于引入非线性。没有非线性，无论神经网络有多少层，它最终都只能表示线性函数。非线性使得神经网络能够解决复杂任务，如图像识别、语音处理和自然语言理解。

Sigmoid 激活函数：Sigmoid 函数的形式为 $\sigma(x) = \dfrac{1}{1 + e^{-x}}$，如图 2-2 所示。它将输入映射到 0 和 1 之间，使其输出具有概率解释（如在二分类问题中）。然而，Sigmoid 函数有两个主要缺点：梯度消失（在输入值很大或很小时梯度接近 0）和非零中心化输出（输出不是以 0 为中心的）。

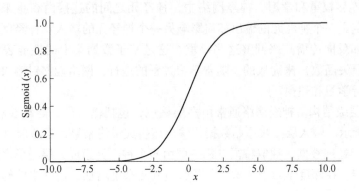

图 2-2　Sigmod 激活函数图像

ReLU 激活函数：ReLU（Rectified Linear Unit）函数的形式为 $\mathrm{ReLU}(x) = \max(0, x)$，如图 2-3 所示。它在负输入值时输出 0，在正输入值时输出输入值本身。ReLU 的优点是计算简单，且在正区域避免了梯度消失问题。不过，它有"死亡 ReLU"问题，即某些神经元可能永远不会激活。

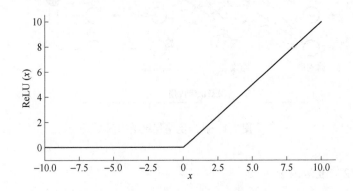

图 2-3　ReLU 激活函数图像

tanh 激活函数：tanh 函数形式为 $\tanh(x) = \dfrac{e^x - e^{-x}}{e^x + e^{-x}}$。如图 2-4 所示，它将输入映射到 -1 和 1 之间，是零中心化的。tanh 在某些情况下优于 Sigmoid，因为它的输出是零中心化的。然而，它仍然面临梯度消失的问题。

在选择激活函数时，需要考虑网络的深度、任务类型以及数据的特点。Sigmoid 常用于需要概率输出的二分类问题的输出层，而 tanh 适用于需要数据零中心化的隐藏层。ReLU 及其变种因其简单性和有效性，特别适合深层网络的隐藏层。不同的任务和数据特点可能更适合特定的激活函数，因此在实际应用中选择最合适的激活函数至关重要。

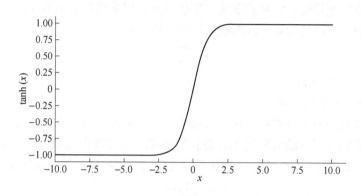

图 2-4 tanh 激活函数图像

2.2.1.3 前向传播

前向传播是神经网络中的基本过程，它涉及将输入数据通过网络层进行传递，并最终得到输出。在神经网络的前向传播过程中，输入数据 x 首先被输入到网络。对于网络中的每个神经元，它会计算输入数据和权重的加权和，加上偏置。对于第 l 层的第 j 个神经元，这个过程可以用公式表示为：

$$z_j^{(l)} = \sum_i w_{ji}^{(l)} x_i + b_j^{(l)} \tag{2-1}$$

式中 $w_{ji}^{(l)}$——第 l 层的第 j 个神经元与第 i 个输入之间的权重；

$b_j^{(l)}$——第 l 层的第 j 个神经元的偏置。

接着，计算得到的加权和 $z_j^{(l)}$ 会通过激活函数 f 进行转换，得到激活后的输出值 $a_j^{(l)}$，即：

$$a_j^{(l)} = f(z_j^{(l)}) \tag{2-2}$$

这个激活函数 f 可以是多种形式，例如 Sigmoid、ReLU 或 tanh 函数，它引入非线性，使得网络能够处理更复杂的数据关系。

以上过程在每一层重复进行，直到输出层。在输出层，激活函数的选择通常取决于具体的任务，如在分类任务中，经常使用 Softmax 函数作为输出层的激活函数。

2.2.1.4 权重和偏置

在神经网络中，权重和偏置是非常重要的概念，它们共同决定了网络如何从输入数据中学习特征和模式。

权重是神经网络的核心参数之一。在神经网络中，每个输入节点和神经元之间都有一个权重值。这个权重值决定了输入数据对神经元激活程度的影响。简单来说，权重控制着输入信号的强度。在数学上，权重通常表示为 w，并且每个神经元与其输入之间的关系可以通过加权和来描述：

$$z = \sum_i w_i x_i \tag{2-3}$$

式中　x_i——输入值；

　　　w_i——相应的权重。

偏置是另一个关键参数，它可以被视为神经元的内部阈值。即使所有输入都是零，偏置仍然可以激活神经元。偏置使得神经元的输出可以向左或向右偏移。在数学上，偏置通常表示为 b，并且与权重相结合，决定了神经元的总输入：

$$z = \sum_i w_i x_i + b \tag{2-4}$$

在神经网络的训练过程中，通过使用如反向传播和梯度下降等方法，不断调整权重和偏置，以减小网络输出和实际值之间的差异。这个过程称为学习或训练。权重和偏置的设定和优化对于神经网络的性能至关重要。它们共同作用，帮助网络捕捉和建模输入数据中的复杂模式和关系。

2.2.1.5　损失函数

神经网络的损失函数是评估网络性能的关键组成部分。它衡量了神经网络的预测输出与实际数据之间的差异。理解损失函数对于优化网络极为重要。下面是对几种常用损失函数的介绍。

A　均方误差（Mean Squared Error，MSE）

这是最常用的损失函数之一，特别是在回归问题中。它计算了预测值和实际值之间差异的平方的平均值。公式表示为：

$$\text{MSE} = \frac{1}{n} \sum_{i=1}^{n} (y_i - \hat{y}_i)^2 \tag{2-5}$$

式中　y_i——真实值；

　　　$\hat{y}_i$——预测值；

　　　n——样本数量。

B　交叉熵损失（Cross-Entropy Loss）

这是分类问题中常用的损失函数。它测量的是模型预测的概率分布与真实分布之间的差异。对于二分类问题，交叉熵损失[25]的公式是：

$$\text{CE} = -\frac{1}{n} \sum_{i=1}^{n} \left[y_i \ln \hat{y}_i + (1 - y_i) \ln(1 - \hat{y}_i) \right] \tag{2-6}$$

式中　y_i——实际类标（0 或 1）；

　　　$\hat{y}_i$——预测概率。

C 对数损失（Log Loss）

对数损失通常用于二分类问题中，是交叉熵损失的另一种形式。对于二分类问题，对数损失的公式可以表示为：

$$\text{LogLoss} = -\frac{1}{N}\sum_{i=1}^{N}\left[y_i\ln p_i + (1-y_i)\ln(1-p_i)\right] \tag{2-7}$$

式中　N——样本总数；

　　　y_i——第 i 个样本的实际标签，一般取值为 0 或 1；

　　　p_i——模型预测第 i 个样本为正类（即标签为 1）的概率；

　　　$\ln$——自然对数。

对数损失函数测量的是模型预测概率分布与实际标签之间的差异。该公式的核心在于，当模型对某个样本的预测越接近实际标签，其损失越小；反之，预测越偏离实际标签，其损失越大。

在多分类问题中，对数损失的计算会稍微复杂一些，公式为：

$$\text{LogLoss} = -\frac{1}{N}\sum_{i=1}^{N}\sum_{j=1}^{M}y_{ij}\ln p_{ij} \tag{2-8}$$

式中　M——类别的总数；

　　　y_{ij}——一个指示器，如果样本 i 属于类 j，则 $y_{ij}=1$，否则为 0；

　　　p_{ij}——模型预测第 i 个样本属于类 j 的概率。

对数损失为分类模型提供了一个平滑的概率估计，它不仅关注正确分类，还关注每个类别的预测概率。因此，它是一个很好的评估分类模型性能的指标，尤其是在需要概率输出的场景中。

D Huber 损失（Huber Loss）

Huber 损失[26]结合了均方误差损失（MSE）和绝对误差损失（MAE）。它对于异常值不那么敏感，因此在处理含有异常值的数据时非常有效。Huber 损失的公式是：

$$L_\delta(y,\hat{y}) = \begin{cases} \dfrac{1}{2}(y-\hat{y})^2 & |y-\hat{y}|\leq\delta \\ \delta|y-\hat{y}|-\dfrac{1}{2}\delta^2 & \text{其他} \end{cases} \tag{2-9}$$

式中　y——实际值；

　　　$\hat{y}$——预测值；

　　　δ——一个预设的阈值。

当预测误差小于或等于 δ 时，Huber 损失表现得像均方误差，适用于处理小的误差。而当误差大于 δ 时，损失函数变成线性的，这减少了对异常值的敏感度，类似于平均绝对误差。因此，Huber 损失结合了 MSE 和 MAE 的优点，同时减少了对异常值的敏感度。

损失函数是神经网络学习过程中的驱动力。通过最小化损失函数，可以调整网络权重，从而提高模型的预测准确性。

2.2.1.6　反向传播和梯度下降

神经网络的反向传播和梯度下降是两个密切相关且对神经网络训练至关重要的概念。

反向传播是一种机制，它计算了损失函数关于神经网络中每个权重的梯度。首先，网络进行前向传播，数据通过网络流动，产生预测输出。接着，损失函数 L 计算预测输出与真实标签之间的误差。这个损失函数可能是均方误差或交叉熵等。

接下来，反向传播开始工作。它从输出层开始，逆向通过每一层，使用链式法则计算损失函数相对于每个权重的偏导数，即梯度。对于每个权重 w，其梯度 $\nabla_w L$ 可以表示为损失函数相对于该权重的偏导数。

梯度下降[27]是一种优化算法，用于更新神经网络的权重 w 和偏置 b，以减少损失。在每次迭代中，每个权重根据其梯度更新，遵循公式：$w = w - \eta \nabla_w L$。其中，η 是学习率，一个确定步长大小的正数。类似地，偏置也会更新：$b = b - \eta \nabla_b L$。

在这个过程中，学习率 η 起着关键作用，它决定了权重调整的步长大小。如果学习率太大，可能会导致训练过程中出现震荡，太小则会使训练进度变慢。

通过这种方式，反向传播和梯度下降共同推动神经网络在训练过程中逐渐逼近最优解，优化其性能。

2.2.1.7　优化算法

神经网络的优化算法是关键组件，用于调整网络参数（权重和偏置）以最小化损失函数。每种算法都有其独特之处，适用于不同的场景和问题。以下是几种常见的优化算法，以及它们的基本公式和特点的综合说明。

A　随机梯度下降（SGD）

随机梯度下降[28]在每次迭代中只使用一个训练样本来计算梯度。这种方法比传统的梯度下降（使用全部数据）要快，但可能导致较大的损失波动。其更新规则为：

$$w = w - \eta \nabla_w L \tag{2-10}$$

式中　η——学习率；
　　　$\nabla_w L$——关于权重的损失梯度。

B 动量（Momentum）

动量方法[29]通过考虑前一步的更新来加速 SGD，并减少震荡。它的更新规则为：

$$v_t = \gamma v_{t-1} + \eta \nabla_w L \quad w = w - v_t \tag{2-11}$$

式中　v_t——当前步骤的速度；

　　　γ——动量系数，通常设置为 0.9 左右。

C Nesterow 加速梯度（NAG）

NAG[30]是对动量方法的改进，通过在动量的方向上先做一个"预测"步骤来改进梯度的计算。其更新规则可以表述为：

$$w = w - \gamma v_w L(w - \gamma v_{t-1} - \eta \nabla_{t-1}) \tag{2-12}$$

D Adagrad

Adagrad[31]通过为每个参数适应不同的学习率来优化 SGD。它对于稀疏数据特别有效。更新规则为：

$$w = w - \frac{\eta}{\sqrt{G_t + \varepsilon}} \nabla_w L \tag{2-13}$$

式中　G_t——梯度的平方项累加和；

　　　ε——为了数值稳定性而添加的小常数。

E RMSprop

RMSprop[32]修正了 Adagrad 的学习率递减问题，通过使用梯度平方的指数衰减平均值来调整学习率。更新规则是：

$$w = w - \frac{\eta}{\sqrt{V_t + \varepsilon}} \nabla_w L \tag{2-14}$$

式中　V_t——梯度平方的指数衰减平均。

F Adam（Adaptive Moment Estimation）

Adam[33]结合了动量和 RMSprop 的优点。它不仅考虑了过去梯度的指数衰减平均（即动量），还考虑了过去梯度平方的指数衰减平均。更新规则是：

$$m_t = \beta_1 m_{t-1} + (1 - \beta_1) \nabla_w L \quad v_t = \beta_2 v_{t-1} + (1 - \beta_2)(\nabla_w L)^2 \quad w = w - \frac{\eta}{\sqrt{v_t + \varepsilon}} m_t \tag{2-15}$$

式中　m_t，v_t——梯度的指数衰减平均和梯度平方的指数衰减平均；

　　　β_1，β_2——衰减率。

2.2.2 深度学习的关键技术

深度学习是一种强大的机器学习方法，它基于神经网络的多层结构来学习数据的复杂模式和特征。深度学习的成功归功于几项关键技术的发展和应用。下面是一些最为重要的关键技术。

（1）卷积神经网络（CNN）。卷积神经网络是处理图像和视频数据的强大工具，特别适用于识别视觉模式，从简单的边缘到复杂的对象。它们通过卷积层来提取空间特征，每个卷积层通过滤波器捕捉图像的不同部分，并创建特征图来总结这些信息。随着网络深度的增加，CNN 能够捕捉更抽象和复杂的视觉模式。CNN 在图像分类、面部识别和自动驾驶车辆中得到了广泛应用。

（2）循环神经网络（RNN）。循环神经网络是一种为处理序列数据而设计的神经网络。它们在自然语言处理、时间序列分析等领域表现出色，特别适合处理文本和语音等连续数据。RNN 的核心特性在于其网络结构中的循环连接，这使得网络能够在其隐藏层保持内部状态，进而捕获和利用序列中的时间动态信息。在 RNN 中，隐藏层的状态会根据新的输入及其前一状态进行更新，这种机制使得 RNN 能够记住并利用先前的信息。然而，标准的 RNN 在处理长序列数据时常常会遇到梯度消失或爆炸的问题，这限制了其在长期依赖关系学习方面的能力。

（3）长短期记忆网络（LSTM）。长短期记忆网络是对传统 RNN 的重要改进，它通过引入一个复杂的门控机制来解决 RNN 在处理长序列数据时的梯度消失问题。LSTM 包含三种类型的门：遗忘门、输入门和输出门。这些门控制着信息在网络中的流动方式，如遗忘门决定了哪些信息应该被忘记，输入门控制新信息的加入，而输出门则决定了哪些信息应该被输出到下一个时间步。这种精巧的设计使得 LSTM 能够在保持长期信息方面表现得更好，它们能够学习到序列数据中长距离的依赖关系。因此，LSTM 在自然语言处理和复杂时间序列分析等任务中被广泛应用。

（4）Transformer 和自注意力机制。Transformer 模型，尤其是其核心组成部分——自注意力机制，已经成为处理自然语言处理任务的标准工具。与传统的序列模型不同，Transformer 完全依赖于注意力机制来捕获输入序列之间的全局依赖关系。这种机制使模型能够同时处理所有序列元素，从而提高了训练效率和性能。

（5）激活函数。激活函数在神经网络中引入非线性，允许模型学习和模拟复杂的数据模式。例如，ReLU（修正线性单元）因其计算效率和在深层网络中避免梯度消失的能力而广受欢迎。Sigmoid 和 tanh 也常用于输出层，用于二分类和生成介于 -1 到 1 之间的输出。

（6）优化算法。神经网络的训练涉及使用优化算法来最小化损失函数，其中梯度下降及其变体如 SGD、Adam 和 RMSprop 是最常用的。这些算法通过不断调整网络权重来减少预测误差，其中 Adam 因其自适应学习率调整而在实践中特别受欢迎。

（7）正则化技术。正则化是防止神经网络过拟合的重要技术[34]。Dropout 是一种流行的正则化方法，它在训练过程中随机丢弃（使其输出为 0）一部分神经元，迫使网络学习更健壮的特征。L1 和 L2 正则化通过向损失函数添加惩罚项来限制权重的大小，从而减少模型的复杂度。

（8）权重初始化和批量归一化。有效的权重初始化可以防止梯度消失或爆炸，批量归一化则通过规范化层的输入来加速训练并提高性能。批量归一化允许使用更高的学习率，同时使网络对初始化方法不那么敏感。

（9）数据增强。在图像处理等领域，通过对训练数据应用各种变换（如旋转、缩放、裁剪等）来增加数据的多样性，从而提高模型的泛化能力。这种方法在有限的训练数据情况下尤为有用。

（10）迁移学习和预训练模型。迁移学习涉及在一个大型数据集上预训练模型，然后将其应用或微调到另一个任务上[35]。这种方法尤其适用于数据稀缺的情况，可以显著减少所需的训练时间和资源。

（11）注意力机制。注意力机制使模型能够聚焦于输入数据的最重要部分，从而提高性能和解释性[36]。它在自然语言处理和计算机视觉领域显示出极大的潜力，特别是在需要模型理解上下文或关注图像特定部分的应用中。

这些技术构成了深度学习的基础，并推动了其在各个领域的广泛应用。

2.2.3 超参数调优与模型评估

2.2.3.1 超参数调优

在深度学习领域，超参数调优是一个非常重要的环节。超参数指的是那些在学习过程开始之前设置，并且在学习过程中不会改变的参数[37]。适当地调整这些参数可以显著提高模型的性能。首先，我们需要明确一些常见的超参数类型，如学习率、批处理大小、迭代次数、神经网络层的数量和大小等。下面是一些常用的超参数调整策略。

A 网格搜索（Grid Search）

网格搜索是一种在深度学习和机器学习中广泛使用的超参数调整方法，特别适用于超参数较少且计算资源充足的情况[38]。这种方法的核心在于系统地遍历预定义的超参数值的所有可能组合，以此找到最佳的超参数设置。

在实施网格搜索时，你首先需要定义每个超参数的一系列具体值。例如，如果你正在调整一个神经网络，可能需要为学习率设置一个值的列表（如 0.001、0.01、0.1），为批量大小设置另一个列表（如 32、64、128），依此类推。一旦定义了这些值，网格搜索就会遍历这些超参数列表中的每一种可能组合。对于每一组超参数，模型都会被训练一次，并在验证集上评估其性能。

网格搜索的一个关键优势是它的彻底性。由于它遍历了所有可能的组合，因此如果最优的超参数组合存在于你定义的网格中，网格搜索最终会找到它。这使得网格搜索在某些应用中非常可靠，尤其是当超参数空间不是特别大时。

然而，网格搜索的主要缺点在于其效率。随着超参数数量的增加，需要评估的组合数量呈指数级增长，这被称为"维度的诅咒"。在超参数很多或者每个超参数的可能值很多的情况下，网格搜索可能变得不切实际，因为它需要消耗大量的时间和计算资源。

总的来说，网格搜索是一种简单直观的超参数调优方法，适用于超参数空间较小，计算资源充足的场景。

B　随机搜索（Random Search）

随机搜索是一种有效且操作简便的超参数调整方法，尤其适合于超参数空间较大的情况[39]。与传统的网格搜索不同，它不需要遍历所有可能的超参数组合，而是通过在定义的超参数范围内随机选择组合来进行搜索。这种方法的核心在于其随机性，它允许模型探索超参数空间的不同区域，而不是局限于固定的网格点。

在实践中，你首先需要确定每个超参数的可能取值范围，比如学习率可能在 0.0001 到 0.1 之间变化，批量大小可能是 32、64、128 等。接着，通过随机方式选取一组超参数，使用这些参数来训练模型，并评估其性能。性能评估可以基于验证集上的准确率、损失或其他相关指标。这个随机选择和评估的过程会重复进行多次，每次都随机选择新的超参数组合。在进行足够次数的迭代后，可以从这些迭代中选择表现最好的超参数组合。

随机搜索的一个主要优点是其相较于网格搜索有更高的效率，尤其在某些超参数对模型性能影响更显著的情况下。这种方法能够快速覆盖广阔的搜索空间，而且实现起来相对简单。然而，它的一个缺点是没有利用之前迭代的信息来指导后续的搜索，这可能导致搜索效率不是最佳。

这种方法特别适用于资源有限或需要快速得到结果的情况，尤其是在初步探索模型性能时非常有效。虽然随机搜索可能不会总是找到最优的超参数组合，但它通常能以较低的计算成本找到一个足够好的解。

C　贝叶斯优化（Bayesian Optimization）

贝叶斯优化是深度学习中用于超参数调整的一种高效方法，特别适合于那些计算代价高的模型[40]。它的核心思想是通过建立一个概率模型（通常是高斯过程）来描述超参数和模型性能之间的关系。这个过程从假设一个先验分布开始，这个分布代表了在观察到任何实际数据之前对模型的假设。接着，在一组初始的超参数上运行模型，并收集性能数据，如交叉验证的准确率或损失。这些数据被用来更新先验分布，形成更准确的后验分布。

贝叶斯优化的核心在于使用获取函数从后验分布中智能选择下一组超参数进行测试。获取函数作用是在探索（尝试不确定性高的超参数）和利用（选择已知导致好性能的超参数）之间找到平衡。常见的获取函数包括预期改进、最大概率改进和上置信界限。每次迭代都会使用这些新的超参数运行模型，收集新的性能数据，并使用这些数据来更新概率模型。这个过程会一直重复，直到达到预定的迭代次数或性能阈值。

贝叶斯优化的优点在于它能在有限的评估次数内找到良好的结果，特别适用于评估代价高的情况。然而，它在超参数空间非常大或包含大量离散变量的问题上可能效率不高。每一步的计算可能相对复杂，尤其是在高斯过程的更新和获取函数的计算中。

D 遗传算法（Genetic Algorithms）

遗传算法在超参数调整中的应用是一个多阶段的过程，每个阶段都有其独特的作用和特点[41]。这个方法通过模仿自然选择的原理，来寻找最佳的超参数组合，以优化深度学习模型的性能。下面对遗传算法中每个关键阶段进行详细描述。

（1）初始化阶段。在这一阶段，遗传算法的首要任务是创建一个初始种群。这个种群由一系列个体组成，每个个体代表一组可能的超参数组合。这些超参数组合是随机生成的，它们构成了遗传算法搜索最优解的起点。这个初始种群的多样性对于整个搜索过程至关重要，因为它决定了算法探索解空间的广度。

（2）适应度评估。适应度评估是遗传算法中的一个核心环节。在这个阶段，算法需要评估种群中每个个体的性能。这通常是通过在验证集上运行模型并测量其性能（如准确率、损失等）来完成的。这个评估过程决定了哪些个体更适合当前的任务，哪些则相对较差。适应度评分高的个体将有更大的机会被选中用于产生下一代种群。

（3）选择过程。选择过程是遗传算法中的自然选择模拟。在这个阶段，根据适应度评分，从当前种群中选择较优的个体。这些被选中的个体将用于后续的交叉和变异过程。选择机制确保了性能较好的超参数组合被保留下来，同时淘汰了那些性能较差的组合。

（4）交叉（杂交）。交叉也称为杂交，是遗传算法中增加种群多样性的关键步骤。在这个阶段，选定的个体被配对并交换它们的超参数部分，从而产生新的个体。这个过程类似于生物的繁殖，它允许算法探索那些由父代个体组合而成的新的超参数组合。

（5）变异过程。变异是遗传算法中的另一个重要机制，用于引入新的超参数组合并防止算法过早地收敛到局部最优解。在这个阶段，新生成的个体可能会随机改变其一个或多个超参数的值。这种随机性帮助算法探索解空间中之前未覆盖的区域。

（6）迭代和终止。遗传算法通过迭代这一系列过程来逐步逼近最优解。每一代种群都是基于上一代通过选择、交叉和变异产生的。这个过程会一直重复，直到达到某个预设的终止条件，如达到特定的代数、性能达到某个阈值，或者性能改善不再显著。

遗传算法在超参数调整中的应用，因其独特的探索和利用机制，特别适用于超参数空间复杂且广泛的深度学习模型。这种方法能有效地在大范围内探索解空间，寻找性能良好的超参数组合。

E　基于梯度的优化

基于梯度的优化在超参数调整中是一个较新且复杂的方法，它尝试利用梯度信息来直接调整超参数。这种方法特别适用于那些可以被参数化为连续值的超参数，如学习率或正则化系数。下面对这种方法进行详细描述。

（1）可微超参数优化。在这一步，关键是使超参数可微分。对于许多超参数来说，它们本身可能不是连续的或者不能直接通过梯度进行优化（如整数值的超参数：网络层的数量等）。为了解决这个问题，研究者们尝试使用特定的参数化方法或近似技术，以便能够通过梯度来调整这些超参数。这个过程可能涉及复杂的数学建模和实验设计。

（2）超级梯度的计算。超级梯度是指超参数相对于模型性能指标（如验证集上的损失）的梯度。计算超级梯度的过程通常需要借助于高级的自动微分技术和复杂的反向传播算法。这个过程的目的是确定在给定的性能指标上，哪些调整能够有效地改善超参数的设置。这种计算通常比标准的参数优化更为复杂和计算密集。

（3）梯度下降更新。一旦计算出超级梯度，接下来就是使用梯度下降或其变种（如 Adam 优化器）来更新超参数。在这个过程中，超参数的更新方向和幅度由它们的超级梯度决定。这一步骤类似于传统的基于梯度的模型训练，但它作用于超参数层面。

（4）迭代过程。与任何基于梯度的优化方法一样，这个过程涉及迭代更新。在每次迭代中，超参数会根据其超级梯度被逐步调整，目标是最小化验证集上的损失或其他选定的性能指标。这个过程持续进行，直到达到某种形式的收敛，如超参数的改进变得非常小或达到预定的迭代次数。

基于梯度的超参数优化在理论上是非常有吸引力的，因为它直接利用了模型性能的梯度信息。然而，它在实践中可能面临一些挑战，包括对某些类型超参数（如离散超参数）的处理难度、高计算复杂度以及可能的实现难度。这种方法是超参数优化领域的一个前沿方向，对于深度学习研究者和实践者来说是一个有趣且有挑战性的研究领域。

F　自动超参数调整

在深度学习领域，自动超参数调整，尤其是通过自动机器学习（AutoML）工具实现的，是一种旨在简化和自动化超参数优化过程的先进技术。AutoML 工具使用多种算法，以最小的人工干预，自动寻找最优的超参数组合。这一过程的开始是定义超参数的搜索空间，包括每个超参数的可能范围和类型。然后，AutoML 工具将根据问题的具体性质和资源限制，自动选择最适合的优化策略，如网格搜索、随机搜索或贝叶斯优化。

在自动化的迭代搜索过程中，AutoML 工具会不断在定义的搜索空间内选择不同的超参数组合，训练模型，并在验证集上评估其性能。基于这些性能评估，工具会调整其搜索策略，以更高效地探索搜索空间，并逐渐接近最优的超参数组合。这种方法的主要优势在于自动化和效率，它显著减少了人工参与的需要，使得即使是非专家也能在复杂的深度学习任务中达到高性能。

AutoML 工具在资源受限的情况下特别有用，如当用户没有足够的时间或专业知识来手动调整超参数时。此外，在面对新的问题或数据集时，AutoML 可以快速进行初步模型探索，为进一步的研究和优化提供一个可靠的性能基准。总的来说，AutoML 在超参数调整中提供了一种高效、低成本的优化途径，使得深度学习的应用变得更加普及和易于操作。

总体来说，选择哪种超参数调整方法取决于具体的应用场景、模型的复杂性、可用的计算资源以及超参数的类型。正确的超参数调整可以显著提高模型的性能和准确性。在实际应用中，可能需要尝试多种方法，以找到最适合特定问题的解决方案。

2.2.3.2　模型评估

在深度学习中，模型评估是验证模型性能的关键步骤。这个过程涉及使用不同的指标和技术来确保模型的有效性和泛化能力。模型评估不仅帮助我们理解模型在训练数据上的表现，而且还能评估其在未见数据上的性能。以下是深度学习模型评估的一些关键方面。

A　数据分割

在深度学习中，正确地进行数据分割对于模型的评估和泛化能力至关重要。一般而言，数据集被分为三个部分：训练集、验证集和测试集。训练集用于模型的学习和训练，它是模型识别数据模式和特征的基础。验证集则用于模型调整期间的性能验证，它帮助调整超参数，比如网络结构或学习率。最后，测试集用于评估最终训练好的模型的性能，它提供了对模型在未知数据上泛化能力的估计。

分割比例可以根据数据集的大小和特性进行调整，但常见的比例是 70% 训练集、15% 验证集和 15% 测试集，或者 80% 训练集、10% 验证集和 10% 测试集。对于类别分布不均的数据集，分层抽样可以确保各个集合在类别分布上的一致性，防止某些类别的过度或不足代表。

数据分割的方法可以是随机的，这简单常用，但可能带来结果的变异性；也可以是固定的，特别适用于具有时间序列特性或某些特定结构的数据集。在数据量有限的情况下，交叉验证是一种有效的方法，通过轮流将数据集的不同部分作为测试集，可以更全面地利用数据，并提供更稳定的性能评估。

在进行数据分割时，还需注意避免数据泄露，即保证测试集和验证集中的信息在训练过程中对模型来说是未知的，以确保评估的有效性。此外，为了结果的可重复性，特别是在进行随机划分时，设置和记录随机种子是一个好的实践。

总之，数据分割是构建有效深度学习模型的基础步骤，需要根据具体的任务和数据特性仔细设计和执行。正确的数据分割不仅能提升模型的泛化能力，还能提供准确的性能评估，确保模型在实际应用中的可靠性和有效性。

B　性能指标

在评估深度学习模型时，选择正确的性能指标至关重要，因为这些指标能够提供关于模型性能的关键信息。不同类型的深度学习任务可能需要不同的性能指标。以下是一些常用的性能指标。

a　对于分类任务

在分类任务中，混淆矩阵是一个非常重要的工具，它帮助我们理解模型在不同类别上的表现[42]。

（1）混淆矩阵展示了实际类别与模型预测类别之间的关系。以下是混淆矩阵的一般形式，用于描述二分类问题的结果，见表 2-1。

1）真正类（TP）。模型正确地预测正类的数量。

2）假负类（FN）。模型错误地预测负类的数量（实际为正类）。

3）假正类（FP）。模型错误地预测正类的数量（实际为负类）。

4）真负类（TN）。模型正确地预测负类的数量。

表 2-1 混淆矩阵

真实/预测	预测为正类（Positive）	预测为负类（Negative）
真实为正类（Positive）	真正类（True Positives, TP）	假负类（False Negatives, FN）
真实为负类（Negative）	假正类（False Positives, FP）	真负类（True Negatives, TN）

（2）基于混淆矩阵，可以计算各种性能指标：

1）准确率（Accuracy）。这是最直观的性能指标，表示模型正确分类的样本比例。

$$准确率 = \frac{TP + TN}{TP + TN + FP + FN} \tag{2-16}$$

2）精确度（Precision）。在所有模型预测为正类样本中，实际为正类的比例。

$$精确度 = \frac{TP}{TP + FP} \tag{2-17}$$

3）召回率（Recall）。在所有实际为正类样本中，模型正确预测为正类的比例。

$$召回率 = \frac{TP}{TP + FN} \tag{2-18}$$

4）F1 分数。精确度和召回率的调和平均，是一个综合的性能指标，特别适用于类别不平衡的数据集。

$$F1\ 分数 = 2 \times \frac{精确度 \times 召回率}{精确度 + 召回率} \tag{2-19}$$

5）ROC 曲线和 AUC 分数。ROC 曲线（Receiver Operating Characteristic Curve）和 AUC 分数（Area Under the Curve）是评估分类模型性能的重要工具，尤其是在处理不平衡数据集时[43]。它们提供了一种衡量模型在不同分类阈值下区分类别能力的方法。

（3）ROC 曲线是一个图形工具，用于展示分类模型在所有可能的分类阈值下的性能。它通过将真正类率（True Positive Rate, TPR）和假正类率（False Positive Rate, FPR）进行对比来实现。

1）真正类率（TPR）。又称为召回率，计算公式为 $TPR = \frac{TP}{TP + FN}$。它表示在所有实际为正类的样本中，模型正确预测为正类的比例。

2）假正类率（FPR）。计算公式为 $TPR = \frac{FP}{FP + TN}$。它表示在所有实际为负类的样本中，模型错误预测为正类的比例。

ROC 曲线将 TPR 作为 y 轴，FPR 作为 x 轴。曲线越接近左上角，表示模型的性能越好。

图 2-5 是一个 ROC 曲线示例图，图中的曲线代表 ROC 曲线，它展示了模型在不同阈值下的性能。曲线下方的面积（AUC）为 0.72，表示模型的整体性能。虚线代表随机猜测的性能，即 FPR 和 TPR 相等的情况。

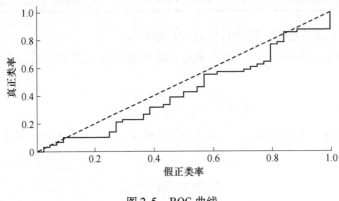

图 2-5　ROC 曲线

（4）AUC 表示 ROC 曲线下的面积，它提供了一个量化模型性能的方法[44]。AUC 的取值范围是 0 到 1：

1）AUC = 1。表示模型在所有可能的分类阈值下都有完美的区分正负类的能力。

2）0.5 < AUC < 1。模型在区分正负类上有不同程度的能力，AUC 越接近 1，性能越好。

3）AUC = 0.5。表示模型的性能等同于随机猜测。

4）AUC < 0.5。表示模型的表现比随机猜测还差，但这种情况在实践中很少见。

b　对于回归任务

在回归任务中，衡量模型性能的常见指标包括均方误差（MSE）、均方根误差（RMSE）和平均绝对误差（MAE）。这些指标提供了不同的视角来评估模型的预测准确性。

（1）均方误差（MSE）。均方误差是衡量预测值与实际值差异的常用指标。它计算了预测值和实际值之差的平方然后求平均，常用于衡量回归模型的性能。

$$MSE = \frac{1}{n} \sum_{i=1}^{n} (y_i - \hat{y}_i)^2 \tag{2-20}$$

式中　n——样本数量；

　　　y_i——实际值；

　　　$\hat{y}_i$——预测值。

（2）均方根误差（RMSE）。均方根误差是 MSE 的平方根。它提供了一个在与原始目标变量相同的单位下衡量预测准确性的方式。

$$RMSE = \sqrt{\frac{1}{n}\sum_{i=1}^{n}(y_i - \hat{y}_i)^2} \tag{2-21}$$

（3）平均绝对误差（MAE）。平均绝对误差计算的是预测值和实际值之差的绝对值的平均。与 MSE 相比，MAE 对异常值不那么敏感。

$$MAE = \frac{1}{n}\sum_{i=1}^{n}|y_i - \hat{y}_i| \tag{2-22}$$

在回归任务中，选择适当的性能指标对于评估模型的性能至关重要，而这通常取决于具体任务的需求和对误差的敏感度。均方误差（MSE）因其平方项作用而对较大误差更敏感，使其成为一个在预测极端值方面极为敏感的指标。均方根误差（RMSE），作为 MSE 的平方根，保留了对大误差的敏感性，同时由于其单位与原始数据相同，因此在解释性上更具优势。平均绝对误差（MAE）通过计算预测值与实际值之差的绝对值的平均，对异常值不那么敏感，适用于需要模型对这些值不过度敏感的场景。最终，根据数据特性和业务目标的不同，选择 MSE、RMSE 或 MAE 作为性能指标可以帮助更准确地衡量模型在特定应用中的表现。

C 过拟合与欠拟合

在深度学习模型评估中，识别和处理过拟合与欠拟合是提升模型性能的关键。过拟合是指模型对训练数据学得"太好"[45]，以至于开始捕捉数据中的噪声和偶然特征，而非真正的趋势。这通常发生在模型过于复杂，参数相对于训练数据量过多时。表现为在训练集上误差极低，而在验证集或测试集上误差较高。防止过拟合的常见策略包括早停（在验证集误差开始增加时停止训练）、正则化（限制模型的复杂度）、使用 Dropout（减少模型对特定节点的依赖）、数据增强（增加训练数据的多样性），以及简化模型结构。这些方法旨在减少模型的复杂性或增加数据的代表性，从而提高模型在新数据上的泛化能力。

欠拟合发生在模型未能从数据中学习到足够的信息时，通常是因为模型过于简单或训练数据不足。表现为模型在训练集和验证集上都表现不佳，未达到可接受的性能水平。防止欠拟合的策略包括增加模型的复杂度（如添加更多层或神经元）、延长训练时间、进行更有效的特征工程，或者获取更多训练数据。这些方法旨在提供更多的信息和能力给模型，以便更好地捕捉和学习数据中的模式。

在实践中，平衡以避免过拟合和欠拟合至关重要。理想的模型应该具有足够的复杂性来学习训练数据中的关键模式，同时保持对新数据的良好泛化能力。这需要仔细调整模型结构、训练策略和数据处理方法。监控模型在训练集和验证集上的表现，以及适时调整模型和训练过程，是实现这一平衡的关键。通过这种方式，可以确保模型既不过度适应训练数据，也不忽略数据中的重要信息，从而在新的、未见过的数据上实现最佳性能。

D 实际应用考量

在深度学习模型评估中，除了考量传统的性能指标外，模型在实际应用中的表现同样至关重要，特别是在资源受限的环境下。这包括模型的运行时间、内存需求、能耗、易于部署等方面。例如，推理时间对于实时应用至关重要，如自动驾驶汽车或在线翻译服务。模型需要快速地对新数据作出响应，确保实时性。同时，训练时间的长短也影响了模型迭代和优化的效率。

模型的大小和内存使用情况是在嵌入式系统或移动设备等内存受限的平台上部署模型时需要考虑的关键因素。较大的模型可能需要更多的存储空间和内存，这可能限制其在某些设备上的应用。此外，能耗也是一个重要的考量点，特别是对于电池供电的设备，优化模型以减少能耗可以延长设备的使用时间。

模型的易于部署性涉及模型是否容易被部署到不同的平台和设备上，包括云服务器、智能手机、嵌入式设备等。这不仅包括模型的可移植性，还包括其与不同操作系统和硬件架构的兼容性。此外，模型的稳定性和容错能力也是衡量其实际应用性能的重要方面。一个在不同输入和环境下都能稳定运行的模型，对于保证应用的可靠性至关重要。

最后，模型的可扩展性和灵活性决定了它是否能够适应数据量的增加或任务需求的变化。在实际应用中，这些因素通常需要与模型的预测性能相权衡。例如，一个在准确率上表现出色的模型，如果太大或运行速度太慢，可能就不适合部署到移动设备上。因此，在开发深度学习模型时，需要根据应用场景和目标平台来综合考虑和平衡这些因素，以确保模型在实际应用中既高效又可靠。

总体而言，深度学习模型评估是一个多维度的过程，它不仅涉及使用准确的技术指标，还包括对模型泛化能力的全面考量。模型评估的目的是确保模型既能够理解训练数据，又能在未见数据上表现良好，最终能够解决实际问题。

2.2.4 模型的泛化与正则化

在深度学习中，泛化和正则化是两个关键概念，直接关系到模型的性能和实用性。理解这两个概念及其在模型训练中的应用对于构建高效且可靠的深度学习模型至关重要。

2.2.4.1 模型的泛化

深度学习模型的泛化能力是指其在处理未见过的新数据时的表现能力，这一能力对于模型在实际应用中的成功至关重要。理想的深度学习模型不仅能够在训练数据上表现良好，还能够捕捉到足够的通用模式，使其能在新的、未见过的数据上表现出色。实现良好泛化的关键在于在整个模型开发过程中的多个方面进行细致的工作，从数据准备到最终的模型评估[46]。

在数据层面，确保数据的多样性和代表性是提高泛化能力的首要步骤。训练数据应该尽可能覆盖目标应用的各种情况。例如，在图像识别任务中，如果训练数据仅包含特定类型的图像，模型可能无法准确识别出现新型或罕见图像的情况。因此，包含各种变化的数据，如不同的光照条件、视角、背景等，是至关重要的。此外，数据增强技术，如图像的旋转、缩放和裁剪，可以进一步提高数据的多样性，帮助模型学习更为通用的特征。

在特征工程方面，选择能够有效捕捉数据中关键信息的特征对于泛化同样重要。过于复杂或不相关的特征可能导致模型关注错误的信息，甚至学习到数据中的噪声，从而影响其泛化能力。因此，进行仔细的特征选择和提取，以确保模型专注于数据中的重要和有意义的模式，对于提高泛化能力非常关键。

模型的复杂度也直接影响其泛化能力。一方面，过于简单的模型可能无法捕捉所有相关模式，从而导致欠拟合；另一方面，过于复杂的模型可能学习到训练数据中的噪声，导致过拟合。因此，选择适当的模型复杂度，平衡模型的容量与训练数据的复杂性，是确保良好泛化的重要考虑。在实践中，这通常通过调整模型的大小、深度或架构来实现，同时监控其在训练集和验证集上的表现，以找到最佳平衡点。

训练技术，如交叉验证和早停法，也是提高模型泛化能力的重要手段。交叉验证通过在不同的数据子集上训练和验证模型，确保模型在多种数据情况下都有稳定的表现。早停法则通过在验证集上的表现开始下降时停止训练，防止模型过度拟合训练数据。这些技术有助于模型学习到更加通用的模式，而不是仅仅优化以适应训练集上的特定样本。

最后，模型的最终评估也非常重要。测试集的性能是评估模型泛化能力的重要指标，因此，测试集应该是独立于训练集和验证集的，并且能够代表实际应用中将遇到的数据。只有当模型在测试集上也表现出良好性能时，才能认为其具有良好的泛化能力。

总之，提高深度学习模型的泛化能力需要在数据准备、特征工程、模型选择、训练过程以及最终评估等多个方面进行综合考虑和精细操作。通过确保数据的代表性和多样性，选择合适的模型复杂度，以及运用恰当的训练和评估技术，可以显著提高模型在新数据上的表现，从而在实际应用中取得更好的效果。

2.2.4.2 模型正则化（Regularization）

正则化是一种减少模型过拟合的技术，通过在模型训练的目标函数中添加一个惩罚项来实现。这个惩罚项限制了模型的复杂度，从而使模型不能完美拟合训练数据中的每一个细节，促使模型学习到更加通用的模式。以下为常见的正则化技术。

A　L1 正则化

L1 正则化也称为 Lasso 正则化，通过向模型的损失函数添加一个基于权重绝对值的惩罚项来实现。这种正则化倾向于产生一个稀疏的权重矩阵，即许多权重会变成零。这可以在某种程度上实现特征选择的效果，因为它有效地将对模型影响最小的特征的权重减少到零。

L1 正则化的公式可以表示为：

$$L = L_{\text{original}} + \lambda \sum_i |w_i| \tag{2-23}$$

式中　L_{original}——模型的原始损失函数，如线性回归中的均方误差损失；

　　　　λ——正则化强度的参数，它控制着惩罚项的重要性，λ 的值越大，正则化效果越强，模型的权重越倾向于变为零；

　　$\sum_i |w_i|$——模型权重的绝对值之和，这个求和通常包括模型中所有的权重，但有时候偏置项的权重可能被排除在外。

在使用 L1 正则化时，需要通过交叉验证等方法来选择一个合适的 λ 值，以平衡模型在训练集上的拟合度和在未见数据上的泛化能力。

B　L2 正则化

L2 正则化也称为岭回归（Ridge Regression）或权重衰减，是一种在机器学习和深度学习中常用的正则化技术。它通过在模型的损失函数中添加一个基于权重平方和的惩罚项来减少模型复杂度，从而防止过拟合。

L2 正则化的公式可以表示为：

$$L = L_{\text{original}} + \lambda \sum_i w_i^2 \tag{2-24}$$

式中　L_{original}——模型的原始损失函数，如线性回归中的均方误差损失或逻辑回归中的对数损失；

　　　　λ——正则化系数，它控制了正则化项相对于原始损失函数的重要性，较高的值会增加正则化的强度；

　　$\sum_i w_i^2$——模型所有权重的平方和，通常，这个求和包括了模型中所有的权重，但有时也会排除偏置项的权重。

L2 正则化的关键效果是通过惩罚较大的权重值来鼓励模型学习更小、更分散的权重。这有助于减少模型对训练数据中个别点的过度敏感性，从而提高模型的泛化能力。在实际应用中，选择合适的值通常需要通过实验或交叉验证来确定。

C Dropout

Dropout 是一种在深度学习中常用的正则化技术，主要用于防止神经网络的过拟合。其核心原理是在训练过程中随机地丢弃（即暂时移除）网络中的一部分神经元，具体来说，每个神经元都有一定的概率 P 在每次训练迭代中被随机丢弃。这种做法使得神经元在训练过程中不能依赖于其他特定的神经元，迫使网络学习更加鲁棒的特征表示。

Dropout 的效果类似于训练多个不同的网络，并将它们的预测结果集成。因为每次训练迭代中都有不同的神经元被丢弃，网络结构也随之改变，这减少了神经元之间复杂的共适应性。这种技术尤其适用于全连接层，但也可以在卷积层中实施。值得注意的是，Dropout 仅在训练阶段使用，在测试或评估模型时，所有神经元都保持活跃状态。

Dropout 的一个关键方面是调整输出比例，因为在训练过程中一部分神经元被丢弃，所以在测试时需要对网络的激活值进行适当的缩放，以补偿这一差异。虽然 Dropout 技术简单有效，易于实现，通常能显著减少过拟合，提高模型的泛化能力，但也可能导致模型的收敛速度变慢。因此，选择合适的丢弃概率 P 和调整其他训练参数是实现最佳性能的关键。

D 批量归一化（Batch Normalization）

批量归一化是一种在深度学习模型中常用的技术，它通过规范化网络层的输入来减少内部协变量偏移（Internal Covariate Shift）。这项技术自被引入以来，已成为许多深度神经网络架构中的标准组成部分[47]。

a 批量归一化过程

批量归一化的核心思想是在网络的每个层中，对每个小批量数据的激活值进行规范化处理。这一过程通常包括两个步骤：

（1）规范化。对每个特征（即每个神经元的输出）进行归一化，使得输出在整个小批量上的均值为 0，方差为 1。

（2）重新缩放和平移。对归一化后的输出进行线性变换（缩放和平移），这两个操作由模型学习得到，以保持网络能够表示原始非归一化激活值的能力。

b 批量归一化的数学表示式

（1）归一化：

$$\widehat{x^{(k)}} = \frac{x^{(k)} - \mu_{\text{batch}}}{\sqrt{\sigma_{\text{batch}}^2 + \varepsilon}} \tag{2-25}$$

式中　$x^{(k)}$——一个小批量中的输入；

μ_{batch}，σ_{batch}^2——这个小批量中的均值和方差；

ε——一个小的常数，防止除以零。

（2）缩放和平移：

$$y^{(k)} = \gamma \widehat{x^{(k)}} + \beta \tag{2-26}$$

式中　γ，β——可学习参数，允许网络进行还原步骤。

批量归一化通过减少不同批次数据分布差异的影响，允许使用更高的学习率，从而加快模型收敛速度，并且由于其轻微的正则化效果，还有助于降低过拟合，提升模型在新数据上的表现。在实际应用中，批量归一化通常应用于每个激活层之后和激活函数之前，特别适用于训练深层网络，能显著提高训练的稳定性和速度。

泛化和正则化是深度学习模型成功的关键因素，它们帮助模型在新数据上做出准确且可靠的预测，而不仅仅是对训练数据的重现。在模型设计和训练过程中恰当地运用这些概念和技术，可以显著提高模型的实用性和效果。

2.3　深度学习在自然语言处理中的应用

深度学习在自然语言处理领域的应用已经取得了显著的进步，这一领域的许多任务都得益于深度学习模型的发展。以下为一些主要的应用领域和对应的深度学习技术。

2.3.1　文本分类

文本分类是自然语言处理中的一个核心任务，涉及将文本分配到预定义的类别中。深度学习模型，特别是 CNN 和 RNN，在这个任务上表现出色。CNN 在捕捉局部文本特征（如短语或关键字）方面特别有效，而 RNN 能够处理文本的序列性质，捕捉长距离的依赖关系。

随着预训练语言模型的兴起，如 BERT 和 GPT，文本分类的性能得到了进一步提升。这些模型通过在大规模文本语料上预训练，能够学习到丰富的语言表示，然后可以微调应用于特定的分类任务，如情感分析、垃圾邮件检测或新闻分类。这种方法不仅提高了分类的准确性，还能处理更复杂的分类问题，如多标签分类或层次分类。

2.3.2　机器翻译

机器翻译是将一种语言的文本自动翻译成另一种语言的过程。深度学习在这一领域的应用彻底改变了传统的翻译方法。长短期记忆网络是最初用于机器翻译的深度学习模型之一，它能够有效处理序列数据，记住长距离的依赖关系。

随着注意力机制和 Transformer 模型的出现，机器翻译的质量得到了显著提升。注意力机制允许模型在翻译时关注输入句子中的特定部分，而 Transformer 则完全基于注意力，不仅提高了翻译的效率，也提高了翻译质量。如今，基于 Transformer 的模型，如 Google 的 BERT 和 OpenAI 的 GPT 系列，已成为机器翻译领域的主流。

2.3.3　语音识别

语音识别技术使计算机能够理解和转录人类语音。深度学习在语音识别领域的应用显著提高了识别的准确率。传统的语音识别系统依赖于复杂的特征工程和声学模型，而深度学习模型能够自动学习这些特征。

循环神经网络及其变体，如 LSTM 和 GRU（门控循环单元）[48]，在处理语音信号的序列特性方面表现优异。它们能够捕捉时间序列中的长期依赖关系，是早期深度学习语音识别系统的核心。近年来，端到端的深度学习模型，特别是基于 Transformer 的模型，由于其高效的并行处理能力和优异的学习能力，正在成为语音识别的新趋势。这些模型能够直接将声音波形映射到文本，极大地简化了传统语音识别流程。

2.3.4　问答系统

问答系统的发展受益于深度学习技术的进步，特别是在处理复杂查询和提供精准答案方面。早期的问答系统依赖于基于规则的方法或简单的关键字匹配，但这些方法在理解复杂的自然语言和提供精确答案方面存在局限。随着记忆网络、Transformer 和预训练语言模型（如 BERT、GPT）的出现，问答系统的能力得到显著提升。这些先进的深度学习模型能够理解复杂的查询语义，从大量数据中提取相关信息，并生成连贯、准确的答案。特别是预训练模型，通过在大规模语料库上预训练，它们能够捕获丰富的语言特征和知识，使得问答系统在回答特定领域问题时更加高效和准确。

2.3.5　文本生成

文本生成是深度学习在自然语言处理领域的另一个重要应用。从早期的基于规则的方法到现在的深度神经网络，文本生成技术已经取得了长足的进步。生成式对抗网络、变分自编码器（Variational Autoencoders，VAE）[49]和基于 Transformer 的模型如 GPT 系列，在生成新颖且连贯文本方面显示出了巨大的潜力。这些模型能够学习到复杂的语言模式和结构，生成从新闻报道到诗歌、故事等各种类型的文本。例如，GPT-3 等大型语言模型，凭借其巨大的模型规模和参数量，在生成具有特定风格或主题的文本方面展现出惊人的能力。这种能力不仅为自动内容创作打开了新的可能，也在提供创意写作辅助、自动化新闻编撰等方面显示出广泛的应用前景。

2.3.6　情感分析

情感分析是自然语言处理中一个重要的研究领域，它涉及识别和分析文本中的情感倾向。随着社交媒体和在线评论的爆炸性增长，情感分析在市场研究、公共意见监测和客户服务等领域变得越来越重要。深度学习技术，尤其是 CNN、RNN 和预训练模型如 BERT，已经在情感分析任务中显示了卓越的性能。这些模型能够从文本中提取复杂的特征，识别出细微的情感差异，从而对文本的情感倾向进行准确分类。预训练模型通过在大量数据上学习丰富的语言表示，进一步提升了情感分析的精度和深度，能够处理更复杂的情感表达和语境。

2.3.7　命名实体识别

命名实体识别（Named Entity Recognition，NER）是从文本中识别和分类特定实体（如人名、地点、组织名）的过程，对于信息提取、知识图谱构建和许多其他 NLP 任务至关重要。在深度学习的助力下，命名实体识别技术已经取得了显著的进步。早期的 NER 系统依赖于复杂的特征工程和浅层学习模型，而现代的深度学习方法，如双向 LSTM 结合条件随机场（Conditional Random Field，CRF）[50]、基于 Transformer 的模型，能够自动学习高级特征，从而提高实体识别的准确性和效率。这些先进的模型利用丰富的上下文信息，不仅能够识别出文本中的实体，还能准确地将它们分类为人名、地点、组织等不同类型。预训练模型的应用进一步提升了 NER 的性能，使得实体识别更加精准，尤其是在识别细粒度和复杂实体方面。

这些应用展示了深度学习在如何改变自然语言处理的领域，使得从文本分类到文本生成等任务变得更加高效和准确。随着技术的发展，深度学习在自然语言处理中的应用将持续扩展，带来更多创新和突破。

3 短文本分类简介

3.1 短文本分类的挑战

在当今信息时代，短文本数据在我们日常生活的许多方面扮演着重要角色，从社交媒体的推文到在线产品评论，它们构成了大数据的重要组成部分。然而，与传统的长文本相比，短文本因其特有的属性，如内容的简洁性和信息的稀疏性，给自动分类和处理带来了独特的挑战。这些挑战不仅考验着现有的文本处理技术，也催生了新的研究和创新。本书将探讨短文本分类面临的主要挑战，并分析这些挑战如何影响了深度学习技术在短文本分类中的应用和发展。

3.1.1 信息稀疏性

短文本分类的首要挑战是信息稀疏性。由于文本长度的限制，短文本常常缺乏足够的上下文信息，使得从中提取有意义的特征变得困难。例如，在社交媒体帖子或产品评论中，用户往往使用简短的句子来表达观点，这些句子缺乏完整的语法结构和充分的上下文。这种信息的不足不仅给文本的语义理解带来难题，也使得传统的基于关键词的分类方法难以有效应用。

3.1.2 高维度与样本不足

短文本数据通常呈现高维特征空间和有限样本量的特点。每个文本虽然只包含少量的词汇，但整个语料库中可能包含大量独特的词汇，导致特征空间庞大。同时，每个类别的样本数量可能不足，使得模型难以从中学习到足够的模式。这种高维度和样本不足的组合，对于任何机器学习模型来说都是一个挑战，特别是对于需要大量数据进行训练的深度学习模型。

3.1.3 语义歧义和非结构化表达

短文本常常包含非正式的语言、俚语或缩写，这增加了文本处理的复杂性。在有限的上下文中，单词或短语的歧义性成为一个重要问题。例如，"苹果"这个词汇在不同的上下文中可能指代水果或是科技公司。此外，短文本中的语言表达往往更加随意和非结构化，这使得基于传统语法分析的方法难以适用。

3.1.4　应对策略

为应对这些挑战，研究人员和工程师们已经开发了多种策略。其中，使用深度学习技术来捕捉文本的深层次特征成为了一种流行的解决方案。通过词嵌入技术，深度学习模型能够将简短的文本转换为稠密的向量表示，这些向量能够捕获词汇之间的微妙语义关系。此外，深度学习模型如 CNN 和 RNN 能够从这些向量中学习到文本的高级特征。近年来，注意力机制和预训练语言模型如 BERT 和 GPT 提供了更为先进的工具，可以更有效地从有限的文本中提取有用的信息。

3.2　短文本处理方法

3.2.1　文本预处理

文本预处理是自然语言处理中的一个关键步骤，旨在将原始文本数据转换为适合进行分析和建模的格式。在深入分析或使用机器学习模型之前，对文本进行恰当的预处理非常重要。这一过程包括多个步骤，每个步骤都针对原始数据中的不同特征，以确保数据的质量和一致性。

3.2.1.1　文本标准化

中文短文本的标准化是一个特别的挑战，因为中文文本处理涉及与英文不同的语言特性。在中文短文本标准化中，重点不仅仅在于格式化文本，还在于处理语言本身的复杂性。以下是中文短文本标准化的一些关键步骤。

A　分词处理

在中文文本处理中，分词处理是一项至关重要的任务。与英文不同，中文文本通常不包含明显的词与词之间的空格分隔，因此需要使用专门的分词算法将连续的中文字符划分成有意义的词汇单元。

分词的目标是将中文文本划分为有实际语义的词汇单元，以便进行后续的文本分析和处理。为了实现这一目标，中文分词工具采用了多种技术和方法，包括基于统计模型的方法、规则引擎以及词典匹配等。

一些常用的中文分词工具如 jieba、HanLP 和 NLPIR 都具备高效的分词能力[51]。它们能够识别出文本中的词汇，并将其划分为有意义的单元。此外，这些工具通常支持用户自定义词典，以满足特定领域或应用的需求。

在选择分词工具时，需要考虑词汇丰富性、性能和速度以及多语言支持等因素。根据具体的应用场景和需求，选择适合的分词工具能够为后续的文本处理任务提供可靠的基础。

总的来说，分词是中文文本处理的基础，它为文本分析、信息检索、情感分析等各种自然语言处理任务提供了必要的词汇单元。通过合适的分词工具，能够有效地将中文文本转化为可处理的词汇序列，为各种文本处理任务打下坚实的基础。

B 清洗特殊符号和标点

中文文本常包含各种特殊符号和标点，包括全角和半角符号，这些符号通常不携带实际语义信息，但可能会对文本处理和分析造成干扰。清洗特殊符号和标点的主要目的是消除这些符号，以保留文本的核心内容，并减少噪声。这一步通常包括以下操作：

（1）移除符号和标点。常见的做法是从文本中完全移除特殊符号和标点。这可以通过使用正则表达式或字符串替换来实现。移除这些符号有助于文本的简化和规范化。

（2）替换符号和标点。在某些情况下，特殊符号和标点可能需要被替换为空格或其他字符，以维持文本的连贯性。例如，将符号替换为空格，以便分隔文本中的词汇。

（3）保留部分符号。特定符号可能具有特殊意义，因此需要保留。例如，句号和感叹号通常用于标识句子的结束和情感表达，因此可以选择保留它们。

（4）统一符号格式。全角和半角符号可能会混合在文本中，需要将它们统一为一种格式，以避免混淆和错误解释。

清洗特殊符号和标点有助于提高文本处理的准确性和一致性。它可以使文本更易于理解和分析，避免错误的解释和分析结果。此外，清洗也有助于文本的规范化，使文本在不同场景下更易于处理和比较。

总之，清洗特殊符号和标点是中文文本处理的关键步骤之一，它有助于提高文本质量和可用性，为后续的文本分析和挖掘任务奠定坚实的基础。

C 处理数字和单位

在中文文本处理中，处理数字和单位是一项至关重要的预处理步骤。中文中的数字表述和单位表示方式常常多样且复杂，如"两千万""3.14 亿"等，这可能会导致数据的不一致性和难以分析。为了解决这一问题，需要执行一系列操作来标准化数字和单位的格式。

首先，将中文数字表述转换为阿拉伯数字是必要的。这意味着将像"两千万"这样的中文数字转换为 20000000。可以通过构建数字词典和规则引擎来实现，以匹配中文数字词汇并进行相应转换。此外，还需要考虑不同单位的表示，如亿、百万、千等。统一这些单位的表示形式，确保数据的一致性。同时，要注意到小数点的格式也可能不同，如"3.14"和"3·14"。在处理中，需要确保小数点的一致性，以便进一步分析。另外，一些数字可能包含千分位分隔符，如"1,000,000"。在处理这些数字时，需要将分隔符去除，以获得纯数字表示。

总之，数字和单位的标准化有助于确保文本中的数值信息一致且易于处理。这对于各种文本分析任务都至关重要，包括文本分类、情感分析和信息提取等。通过这一预处理步骤，可以提高数据的一致性和可分析性，为后续的文本分析任务提供更可靠的数据基础。

D　去除或替换网络用语和方言词汇

在中文文本处理中，去除或替换网络用语和方言词汇是一项关键的预处理步骤。中文文本往往包含丰富多样的网络用语、俚语和方言词汇，这些词汇在正式文本处理中可能引发歧义或不适当的解释，因此需要进行适当的处理。

一种常见的处理方式是将网络用语和方言词汇替换为标准汉语词汇，以确保文本的规范性和一致性。例如，将一连串的"哈哈哈"替换为简单明了的"笑"，有助于提高文本的可理解性。同时，对于一些特殊的网络用语或表情符号，也可以选择将其移除或过滤，以避免对文本分析任务的干扰。

另一种处理方式是将方言词汇转化为对应的拼音形式，这有助于更好地理解和处理文本。例如，将方言中的"咋样"转化为拼音形式"zǎ yàng"，可以使其更具可解释性。

此外，建立网络用语和方言词汇到标准词汇的映射表也是一种有效的方法。通过构建自定义的词汇映射词典，可以在文本处理过程中进行替换，确保文本的一致性和可解释性。

综上所述，处理网络用语和方言词汇是中文文本处理的重要环节之一，有助于提高文本的质量和可用性，减少歧义，并确保文本在不同场景下具有可解释性。这对于各种文本分析任务都是至关重要的。通过这一预处理步骤，能够处理多样化的词汇，为后续的文本分析和挖掘任务提供更可靠的数据基础。

E　去除停用词

在自然语言处理中，去除停用词是一个关键的预处理步骤，它旨在从文本中移除那些频繁出现但对理解文本主要内容贡献较小的词汇。停用词通常包括常见的助词、连词和其他一些高频词汇，如"的""了""是"等。去除这些词的目的是减少数据中的噪声，并且减轻计算任务的负担，从而使后续的文本分析更加高效和准确。

进行停用词的去除通常涉及几个步骤。首先，需要定义一个适合特定语言和任务的停用词列表。这个列表可以从标准 NLP 库中获取，如 NLTK 或 SpaCy 为英文文本提供的停用词列表，或者可以根据具体任务的需求定制。随后，文本需要被分词，将连续的文本字符串拆分成单独的词汇或标记。在分词之后，将会检查每个词汇是否出现在停用词列表中，如果是，就将其从文本中去除。

重要的是要注意，在某些特定的 NLP 任务中，停用词可能携带重要的上下文信息，如在情感分析中的否定词"不"。在这种情况下，盲目地去除所有标准停用词可能会对结果产生不利影响。因此，停用词列表的选择和应用需要根据具体任务进行调整。此外，不同语言有不同的停用词列表，因此在处理非英文文本时，需要选择或构建相应语言的停用词列表。

综上所述，去除停用词是文本预处理中的一个重要环节，有助于简化文本数据，并提升后续处理步骤的效果。正确地应用这一步骤可以显著改善文本分析任务的性能，特别是在需要处理大量数据的情况下。

F 标准化异体字和繁简转换

在中文文本处理中，标准化异体字和进行繁简转换是至关重要的预处理步骤。中文中存在繁体字和简体字之间的差异，以及一些异体字的使用，可能会导致文本的不一致性和影响可解释性。因此，根据任务需求，需要对文本进行适当的标准化和繁简转换。

首先，繁简转换可以将繁体字转换为简体字或将简体字转换为繁体字，以确保文本的字形统一。这一过程可以依赖繁简转换工具或库来实现，如开放中文转换库（Open Chinese Convert，OpenCC），从而消除不同字形带来的混淆和歧义。

另外，处理异体字也是一个重要的考虑因素。异体字是指在不同地区或文本中使用不同的字形表示相同的字符。为了提高文本的一致性，可以建立一个异体字词典或映射表，将不同字形映射到统一的字符。这有助于确保文本在不同地区和场景下都能够被正确理解。

综上所述，标准化异体字和进行繁简转换是中文文本处理的关键步骤之一。通过这些处理，能够确保文本在不同情境下都具有一致的字形和表达方式，提高文本的质量和可用性，为后续的文本分析和挖掘任务提供更可靠的数据基础。这些预处理步骤对于保证文本数据的一致性和可解释性至关重要。

进行这些步骤时，需特别注意中文语境和语义的保留，避免过度标准化导致原始信息丢失。中文短文本的标准化需要综合考虑文本的语言特性和处理任务的具体需求，采取适当的策略来实现有效的文本处理。

3.2.1.2   词干提取和词形还原

在中文短文本分类中，数据预处理同样至关重要，其中包括词干提取和词形还原。

（1）词干提取（Stemming）。词干提取在中文文本处理中通常称为"去除词缀"或"中文分词"，其目的是将中文词汇中的后缀、前缀或其他词缀去除，从而提取出词的词干。这有助于将不同形态的词汇归并为同一个词干形式，减少词汇的多样性。例如，将"吃饭"和"吃了饭"都提取为"吃"，从而降低特征空间的维度。中文分词工具如 jieba 可以用于实现词干提取。

（2）词形还原（Lemmatization）。词形还原是将中文词汇还原为它们的基本词形或词元形式的过程。与词干提取不同，词形还原更加严格，不仅去除了词缀，还将词汇还原为它们的原始形式，保持语法和语义的一致性。例如，"我正在学习中文，之前我学了很多课。"中"正在学习"和"学了"都还原为"学习"。词形还原可以保留文本的原始信息，有助于保持文本的语法结构和语义准确性。

在中文短文本分类中，选择词干提取或词形还原取决于任务需求和文本特点。通常情况下，词干提取更适用于需要降低维度、简化文本表示的任务，如垃圾邮件分类；而词形还原更适用于需要保留文本原始信息、语法和语义一致性的任务，如情感分析。

数据预处理阶段，词干提取和词形还原可以在中文文本分词后应用，以确保文本中的词汇形式更加一致，从而为后续的特征提取和模型训练提供更准确的输入。这两个技术都有其优点和局限性，需要根据具体任务来选择合适的方法，以提高中文短文本分类模型的性能。

3.2.2   特征提取

短文本特征提取是自然语言处理领域的一个重要问题，随着技术的发展和研究的深入，特征提取方法也不断演进和改进。

在早期，短文本特征提取主要采用传统的基于规则和统计的方法，如词袋模型（Bag of Words，BoW）[52]和 TF-IDF。尽管这些方法简单而有效，但它们忽略了单词之间的语义关系，限制了其在复杂任务中的应用。

随着词嵌入技术的兴起，特征提取得到了显著改进。词嵌入技术能够将单词映射到连续向量空间，捕捉了单词之间的语义相似性。这种表示方法在短文本分类中取得了良好的效果，提高了特征的表达能力。

深度学习模型的应用对短文本特征提取产生了深远影响。CNN、RNN 和

Transformer 等深度学习模型可以自动提取文本的特征，不再依赖手工设计的特征。这些模型在短文本分类任务中取得了显著的性能提升，使得特征提取更具智能化。

预训练模型如 BERT、GPT 和 RoBERTa 等[53]的兴起进一步推动了特征提取的发展。这些模型通过大规模的语言模型预训练，在各种 NLP 任务中都表现出色。短文本分类任务也受益于这些模型的应用，通过微调预训练模型，可以获得高性能的特征提取器。

最近的趋势是结合多种方法，将词嵌入、深度学习和传统特征提取方法相结合，以获得更丰富和有信息量的特征表示。这种综合方法在提高短文本分类的性能方面表现出色。

总体而言，短文本特征提取的发展历程反映了自然语言处理领域的不断创新和进步。随着技术的不断发展，短文本分类任务将会继续受益于新的特征提取方法的引入和改进，为更准确的文本分类提供支持。本部分只做基本模型介绍，深度学习和预训练模型将在后文深度模型处介绍。

3.2.2.1　词袋模型

词袋模型是一种文本特征提取方法，旨在将文本数据转化为机器学习算法可以理解的数值形式。

词袋模型的核心思想是将文本拆分为单词（或称为词汇），并将每个单词视为一个独立的特征。这些特征组成了文本的特征向量。特征提取过程可以分为以下步骤：首先进行分词，将文本划分为单词或标记，这是将文本转化为离散的单词的第一步。接下来构建词汇表，收集文本中所有出现的单词，形成一个词汇表。词汇表中的每个单词都对应着特征向量的一个维度。最后计算词频，对于每个文本样本，计算词汇表中每个单词的出现次数，形成特征向量的值。

词袋模型假设文本中的单词顺序对文本的含义不重要。这意味着它会忽略单词之间的顺序关系。例如，对于词袋模型来说，句子中的"Apple is red"和"Red is apple"将被表示为相同的特征向量。

除了简单地使用词频作为特征值外，词袋模型还可以采用其他权重表示方式，以更好地捕捉单词的重要性。常见的方法包括 TF-IDF 权重，它考虑了单词在文本集合中的重要性。

由于自然语言中的词汇量巨大，每个文本通常只包含其中的一小部分单词。因此，词袋模型得到的特征向量是高度稀疏的，其中大多数特征值为 0。这种稀疏性对于存储和计算都具有挑战性。

词袋模型在文本分类、文本聚类、信息检索和情感分析等自然语言处理任务中广泛应用。它为机器学习算法提供了一种简单但有效的文本表示方法，特别适用于大规模文本数据的处理。词袋模型虽然在许多任务中表现良好，但它忽略了单词之间的语义关系。例如，它不能理解词汇的近义词或上下文信息。因此，在处理更复杂的自然语言理解任务时，可能需要考虑其他更高级的表示方法，如词嵌入模型。

3.2.2.2　TF-IDF

TF-IDF 是一种用于信息检索和文本挖掘的常用文本特征提取方法。TF-IDF 的主要思想是通过计算单词在文本中的频率以及在整个文本集合中的重要性，来衡量单词的重要程度。

词频（Term Frequency，TF）：TF 表示某个单词在一个文本中出现的频率。通常，TF 被计算为单词在文本中出现的次数除以文本的总词数。TF 反映了单词在文本中的重要性，出现次数越多，TF 越高。

$$\mathrm{TF}(t,d) = \frac{\text{词汇 } t \text{ 在文档 } d \text{ 中出现的次数}}{\text{文档 } d \text{ 中总单词数}} \tag{3-1}$$

逆文档频率（Inverse Document Frequency，IDF）：IDF 衡量了单词在整个文本集合中的重要性。IDF 的计算方式是总文档数除以包含该单词的文档数的对数。IDF 反映了单词的稀有程度，如果一个单词在许多文档中出现，它的 IDF 值将较低，表示它不太具有区分性。

$$\mathrm{IDF}(t,d) = \ln \frac{\text{文档集合 } D \text{ 的总文档数}}{\text{包含词汇 } t \text{ 的文档数} + 1} \tag{3-2}$$

TF-IDF 表示单词在特定文档中的重要性，计算方式为 TF 与 IDF 的乘积：

$$\mathrm{TF} - \mathrm{IDF}(t,d,D) = \mathrm{TF}(t,d) \times \mathrm{IDF}(t,D) \tag{3-3}$$

TF-IDF 的作用是突出在文档中频繁出现但在整个文档集合中较为稀少的单词，从而识别文档中的关键信息。这些关键信息通常与文档的主题或内容密切相关，因此在信息检索、文本分类和关键词提取等任务中具有重要作用。

3.2.2.3　词嵌入技术

当深入探讨短文本分类及其在各个领域中的应用时，不可避免地会遇到词嵌入（Word Embedding）这一关键技术[54]。这种技术在处理和理解文本数据，特别是短文本数据方面，扮演着不可或缺的角色。Word Embedding 是将词语转换成向量的过程，这些向量在多维空间中表示了词语的语义和语法属性，以及词与词之间的复杂关系。例如，在词嵌入空间中，意思相近的词如"国王"和"王后"通常会有相似的向量表示。

在短文本分类中，特征提取是一个关键步骤，词嵌入在这里展现了其巨大的潜力。它通过为每个词提供一个密集的向量表示，使模型能够捕捉文本中的细微语义差异。这对于短文本来说尤其重要，因为这类文本（如推文或评论）通常缺乏足够的上下文信息，词嵌入因此成为了补充这一信息不足的有效工具。

与传统的词袋模型相比，词嵌入提供了更加丰富和精细的词语表示。它能够捕捉到词之间的相似性和关系，而不仅仅是将文本视为词的无序集合。这样的方法使得词嵌入能够帮助模型理解词语的多重含义和上下文，从而在文本分类、情感分析等任务中获得更好的性能。

在词嵌入的领域中，有几个突出的模型值得一提。首先是 Google 开发的 Word2Vec[55]，这个模型能够将词映射为向量空间中的点，使用周围的词来预测当前词，或使用当前词来预测周围的词。接着是斯坦福大学开发的全局向量的词嵌入（Global Vectors for Word Representation，GloVe）[56]，它基于全球词共现统计来训练词向量。最后是 Facebook AI 研究团队开发的 FastText[57]，它不仅考虑了词，还关注词内部的子词信息。

尽管词嵌入在捕捉词义和提升模型性能方面表现出色，但它也面临一些挑战和限制。例如，对于多义词问题，即同一个词在不同上下文中可能有不同的意义，标准的词嵌入模型往往无法有效处理。此外，构建高质量的词嵌入模型需要大量的训练数据和相对较高的计算资源。

3.2.3　上下文理解

在自然语言处理，特别是短文本分类领域中，上下文理解至关重要。在这个方面，N-gram 模型[58]和依存关系分析是两种核心技术。N-gram 模型通过分析相邻的词来捕捉局部上下文，帮助识别语境中的细微差别，如在情感分析中区分情感色彩。依存关系分析则深入挖掘词语间的结构关系，揭示句子的深层语义。结合这两种技术，可以在短文本分类中实现更全面的文本理解和分析，从而提高准确性和效率，特别是在情感分析、主题检测和意图识别等任务中。

3.2.3.1　N-gram 模型

N-gram 模型是自然语言处理中一种基本而强大的概念。在简单的术语中，一个 N-gram 是由 n 个连续的词组成的序列。这个模型的核心思想是，一个词出现的概率可以依据它前面的 $n-1$ 个词来预测。对于一个特定的词序列 $W = w_1$，$w_2, \cdots, w_k$，一个 N-gram 模型会估计 w_i 出现的概率，通常表示为 $P(w_i | w_{i-n+1}, \cdots, w_{n-1})$。这些概率通常通过计算词序列在大量文本数据中出现的频率来估计。

N-gram 模型在 NLP 的各种任务中得到了广泛应用，包括文本分类、情感分析、语音识别和机器翻译。尽管其理论上相对简单，但 N-gram 模型因其易于实现和计算高效而被广泛使用。然而，它也有一些限制，如无法捕捉长距离的依赖关系，以及随着 n 的增大而导致的"维度灾难"。为了处理在训练集中未出现的词序列，通常会使用各种平滑技术来调整概率估计。

综合来看，N-gram 模型提供了一种强有力的工具，用于基于概率的语言模型建构。它的简洁性和实用性使其成为理解和分析语言数据的关键工具之一，尤其是在数据集有限或要求高效率的应用场景中。随着深度学习技术的发展，更复杂的模型如神经网络在处理长距离依赖方面展现出优势，但 N-gram 模型在某些NLP 任务中仍然发挥着重要作用。

3.2.3.2　依存关系分析

在自然语言处理中，依存关系分析是一个关键的技术，专注于解析句子中词语之间的依存关系，从而揭示句子的语法结构和每个词在句中的角色和功能[59]。依存关系分析的核心在于识别句子中各个词语之间的依存关系。这些关系定义了词语如何相互连接以构成有意义的句子。例如，在句子"我在餐厅用勺子喝玉米烫"中，"喝"是动词，它依赖于主语"我"和宾语"玉米汤"。

在图 3-1 中，句子中的每个词被视为节点，而节点之间的依存关系通过有向边来表示。这些边表明了词语之间的语法关系，如主谓关系、定中关系、动宾关系等。

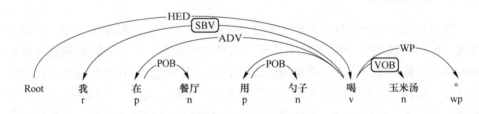

图 3-1　句子依存关系分析

依存关系分析在多种 NLP 任务中发挥着重要作用，尤其是在那些需要深入理解句子结构和语义的应用中。例如，它在语义角色标注、情感分析、信息抽取和机器翻译等领域中都极为重要。通过对句子的依存结构进行分析，NLP 系统能够更准确地理解句子的含义，特别是在处理复杂句子结构或需要深入理解隐含意义的文本时。依存关系分析的技术实现通常基于机器学习方法，尤其是深度学习技术。这些方法能够从大量的语言数据中学习并自动识别词语之间的依存关系。

依存关系分析器一般使用经过专家标注的大型语料库进行训练，这些语料库包含了准确的依存关系标注，使得分析器能够学习到如何识别和预测句子中的依存关系。常见依存关系分析工具包括 Stanford Parser[60]、HanLP[61]、语言技术平台（Language Technology Platform，LTP）[62]、清华大学开放中文词法分析套件（THU Lexical Analyzer for Chinese，THULAC）[63]以及 BERT、GPT 等预训练模型。这些工具各有所长，适用于不同的应用场景和需求，从高性能的工业级应用到学术研究和教学都有广泛的应用。

尽管依存关系分析技术已取得显著进步，但仍面临一些挑战。不同语言有不同的语法结构，甚至同一语言内的不同表达方式也会增加分析的复杂度。此外，处理复杂或非标准的语言结构，如俚语或非结构化的文本，对依存关系分析来说也是一个挑战。

综上所述，依存关系分析是自然语言处理领域中理解语言结构和语义的强大工具。随着深度学习和其他先进技术的应用，这种分析方法在准确性和效率上都得到了显著提升，使得它在构建复杂的自然语言处理应用中变得更加有效和重要。未来，随着技术的进一步发展，依存关系分析将继续在各种语言处理任务中扮演关键角色。

3.2.4　语义分析

在自然语言处理的领域中，语义分析是理解文本含义的重要环节。它主要包括情感分析、主题建模和指代消解等子任务。

3.2.4.1　情感分析

情感分析是自然语言处理领域的一个关键部分，主要用于识别和分类文本中的情感态度。它的核心是判断文本中表达的情感极性，通常分为正面、负面和中性。除此之外，情感分析还涉及评估情感的强度和判断文本的主观性或客观性。在方法上，情感分析可分为基于词典的方法、机器学习方法和深度学习方法。基于词典的方法依赖于预定义的情感词典，而机器学习方法则利用各种算法，如支持向量机、朴素贝叶斯和随机森林，通过训练数据集来识别情感。深度学习方法，尤其是 CNN、RNN 和基于 Transformers 的模型（如 BERT、GPT），则能够更有效地捕捉文本中的复杂模式和上下文信息。对于中文情感分析，SnowNLP 是一个常用的工具，而 TextBlob 则适用于英文文本。情感分析的应用非常广泛，包括产品和服务评价、舆情监测以及市场研究等，帮助企业和研究者更好地理解公众情绪和市场动态。情感分析的准确性和效果依赖于许多因素，包括所用方法的适应性、数据集的质量和文本的特性。

3.2.4.2　主题建模

主题建模是一种自然语言处理技术，它通过分析文本集合来发现隐藏的、未标记的主题结构。这些主题通常被理解为文档中的潜在话题或概念，由一组统计上常共同出现的词汇组成。最常见的主题建模技术包括隐含狄利克雷分布（Latent Dirichlet Allocation，LDA）[64]、非负矩阵分解（Nonnegative Matrix Factorization，NMF）[65]和潜在语义索引（Latent Semantic Indexing，LSI）[66]。LDA 是一种生成模型，通过反复迭代学习以发现文档集中的主题；NMF 通过矩阵分解技术发现文档的隐含话题；LSI 则利用奇异值分解来识别文档和词汇间的模式。

在处理中文短文本时，主题建模面临特别的挑战。短文本如微博、短信或评论通常内容简短，导致词汇稀疏和上下文信息不足，这使得传统的主题建模技术难以直接应用。为应对这些挑战，可以采取如下策略：首先，使用有效的中文分词工具，如 HanLP 或 jieba，是进行中文文本分析的基础。其次，考虑到短文本的稀疏性，将相关或相似的短文本组合在一起，或使用专为短文本设计的主题模型（Biterm Topic Model，BTM）[67]等方法，可以提高模型的性能。最后，引入外部知识库如 HowNet 或百度百科，可以帮助模型更好地理解和解释短文本中的隐含语义。

在实际应用中，除了传统的主题建模工具如 Gensim 和 scikit-learn，一些深度学习技术，特别是基于神经网络的词嵌入方法，如 Word2Vec 或 BERT 的词表示，也可以用于增强模型对短文本的理解。这些方法通过学习词汇的分布式表示，可以捕获词汇之间更丰富的语义关系，从而提高主题建模的准确性和可解释性。

主题建模在多种应用场景中发挥着重要作用，如内容推荐、文本分类、舆情分析等。在这些应用中，准确的主题建模可以帮助机构和企业从大量的文本数据中提取有价值的信息，从而做出更明智的决策。

3.2.4.3 指代消解

指代消解是自然语言处理领域中的一个关键任务，它专注于识别和解析文本中的代词和指示词（如"他""它""这个""那个"）所指向的具体实体或对象[68]。这一过程对于理解文本的整体含义、维护叙述的连贯性以及提高问答系统、文档摘要和机器翻译等任务的性能至关重要。例如，在问答系统中，正确理解问题中的指代词所指的实体是提供准确答案的关键；在文档摘要过程中，正确解析文本中的指代关系有助于提高摘要的连贯性和准确性；在机器翻译中，准确的指代消解对于保持原意和语境的一致性至关重要。

在处理中文短文本，如微博、短消息等，指代消解尤其具有挑战性，因为这些文本通常信息密集且上下文信息有限。中文指代词（如"他""她""它"）的使用与英文不同，依赖于更微妙的上下文线索。此外，中文短文本中经常出现省略现象，指代关系可能不明显或隐含在文本中。这些特点使得在处理中文的核心部分，尤其在处理中文短文本时，它的重要性更加凸显。这一过程要求算法不仅要理解语言的字面意义，还要捕捉到更深层次的语境和隐含的信息。由于中文的特殊性，如语言结构的复杂性和上下文的依赖性，这一任务变得更加复杂。

指代消解在自然语言处理领域中的应用极为广泛。除了上述的社交媒体分析和客服机器人，它在新闻自动摘要、法律文档分析、医疗记录处理等多个领域都发挥着重要作用。在这些应用中，准确的指代消解有助于机器更好地理解文本内容，从而提高信息提取、数据分析和决策支持系统的效率和准确性。

针对中文短文本的指代消解还面临一些特定的技术挑战，例如，如何处理语言中的隐含和省略信息、如何在有限的上下文中准确确定指代关系等。这些挑战要求研究者和开发者不仅要深入理解中文的语言特性，还要掌握最新的 NLP 技术和算法。随着人工智能和机器学习领域的快速发展，我们可以期待在未来看到更加精准和高效的指代消解技术，特别是在处理中文短文本方面。

在开发指代消解系统时，还需要考虑系统的可扩展性和适应性。由于语言和文化的多样性，一个有效的指代消解系统应该能够适应不同的语言环境和应用场景。此外，随着社交媒体和在线平台上数据量的激增，高效处理大规模数据集也成为了一个重要的考虑因素。因此，开发高效且灵活的指代消解系统是未来研究和应用的一个重要方向。

综上所述，指代消解作为自然语言处理中的一个重要环节，在理解和处理中文短文本方面尤为关键。它不仅需要深入的语言学知识，还依赖于先进的计算技术和算法。随着技术的不断进步和发展，我们有理由相信，指代消解将在未来的自然语言处理应用中发挥更加重要的作用。

3.3 短文本分类的应用场景

短文本分类作为文本分析领域的一个重要分支，在多个行业中发挥着至关重要的作用。它主要用于将简短的文本信息，如社交媒体帖子、用户评论或新闻摘要，分类到预定义的类别中。在社交媒体监控方面，短文本分类帮助分析帖子内容，进行情感分析、话题检测和趋势分析，对于理解公众意见、品牌监控和市场研究极为重要。客户服务领域通过分析客户反馈和评论，使用短文本分类来改进产品和服务，提高客户满意度。此外，情感分析通过识别文本中的情感倾向，为品牌和产品的市场研究提供支持。内容推荐系统则利用用户的评论和反馈来推荐相关内容或产品。在新闻行业，短文本分类技术能够自动提取文章的核心内容，生成摘要，并按主题分类新闻。此外，它在垃圾邮件和欺诈内容的检测，以及健康监测方面，如分析患者反馈和症状描述，也显示出其不可或缺的价值。这些应用场景充分展示了短文本分类在不同领域的广泛用途和重要性。下面针对不同应用场景介绍一下短文本分类的实际应用。

3.3.1　社交媒体分析

在社交媒体分析中，短文本分类扮演着核心角色。企业和组织利用这项技术来监控和分析社交媒体平台上的讨论，从用户的帖子、评论到推文。情感分析是其主要应用之一，通过识别文本中的情感倾向（正面、负面或中性），帮助企业理解公众对其品牌、产品或服务的态度。此外，话题识别和趋势分析可以追踪流行话题，监测品牌提及量的变化，并分析与竞争对手相关的讨论。这些分析帮助企业及时调整市场策略，更好地与目标受众沟通，甚至预测市场变化。通过综合利用这些数据，企业可以在竞争激烈的市场环境中保持领先地位[69]。

3.3.2　客户服务

在客户服务领域，短文本分类被广泛应用于自动化响应系统，如聊天机器人和客户支持查询。通过对客户咨询的自动分类，系统能快速识别客户问题的性质，并将其引导至正确的服务通道或提供相应的解答。这种技术能显著提升客户服务效率，缩短响应时间，同时降低人力成本。更重要的是，通过分析客户的反馈和咨询内容，企业能够洞察消费者的需求和偏好，从而优化产品设计、服务流程和市场策略。这种策略不仅提升了客户满意度，也为企业带来了更深入的市场洞察[70]。

3.3.3　新闻摘要和分类

在新闻行业，短文本分类技术对于处理大量新闻内容至关重要。通过自动化的新闻摘要生成，这项技术可以快速提取新闻文章的关键信息和主题，生成简洁的摘要，帮助读者快速获取信息要点。此外，新闻分类功能通过将新闻分配到相应的类别（如政治、经济、体育等），使得内容组织更加高效，便于用户浏览和搜索。这种技术的应用不仅提高了新闻传播的效率，也增强了用户体验。对于新闻机构而言，这意味着更高的阅读量和用户参与度，从而增强其在数字媒体领域的竞争力[71]。

3.3.4　内容推荐

短文本分类在内容推荐系统中的应用极为广泛。无论是在线新闻平台、社交媒体还是视频流服务，都利用这项技术来分析用户的喜好和行为。通过对用户生成内容（如评论、评分和互动）的分类分析，系统能够更准确地理解用户的兴趣和需求。这些数据随后用于推荐算法，以提供更加个性化和相关的内容推荐。例如，在视频流平台上，通过分析用户对不同视频内容的评论和互动，系统可以推荐类似的影视作品，提升用户体验并增加观看时间[72]。

3.3.5　市场研究

在市场研究中，短文本分类被用来分析消费者评论、论坛帖子和社交媒体内容。这些分析提供了对市场趋势、消费者偏好和品牌感知的深入洞察。企业可以通过这些洞察来优化产品、调整市场定位和制定有效的营销策略。此外，通过监测和分析竞争对手在消费者中的口碑，企业可以获得宝贵的竞争情报，从而制定相应的策略以增强自身市场地位[73]。

3.3.6　垃圾邮件和欺诈检测

在网络安全领域，短文本分类技术对于识别和过滤垃圾邮件和欺诈性内容至关重要。通过分析电子邮件、短信或社交媒体消息的文本内容，这些系统能够识别出潜在的欺诈和垃圾信息，并将其隔离，从而保护用户免受不良内容的侵扰。这种技术的应用不仅提高了网络通信的安全性，也保护了用户的隐私和数据安全[74]。

3.3.7　健康监测

在医疗健康领域，短文本分类的应用包括分析患者的反馈和症状描述。这对于提升患者诊疗体验和医疗服务的质量至关重要。通过对患者通过在线平台、移动应用或电子健康记录提交的症状描述进行分类，医生和医疗专家可以更快地诊断和提供适当的治疗建议。此外，这些数据的分析还可以用于公共卫生研究，帮助识别疾病模式和流行病趋势，从而对公共卫生政策制定提供支持[75]。

这些应用场景展示了短文本分类在不同领域中的广泛用途和影响力。每个领域都通过这项技术获得了显著的效率提升和洞察深度。这种技术的应用不仅限于提高处理文本数据的效率，而且在提供深入的洞察和决策支持方面发挥着关键作用。无论是在消费者洞察、市场趋势分析、内容推荐，还是在网络安全和健康监测领域，短文本分类都成为了一个不可或缺的工具。通过自动化地处理和分析大量文本数据，这项技术帮助企业和组织更快地响应市场变化，更准确地理解用户需求，从而使它们能够更有效地制定策略和改进服务。同时，这也带来了用户隐私和数据安全方面的挑战，需要在提升技术效能的同时，也重视数据的合规性和道德使用。整体来看，随着人工智能和机器学习技术的不断进步，我们可以预见短文本分类在未来将会有更多创新应用和发展。

4 词嵌入与表示学习

4.1 词嵌入技术概述

词嵌入技术是自然语言处理领域的关键进展之一，其核心目标是将词语转换为机器可以理解的数值形式。这一技术的发展极大地促进了计算机对自然语言的理解和处理能力。

4.1.1 词嵌入的起源和发展

词嵌入（Word Embedding）是自然语言处理领域的一个重要概念，其基本思想是将词语转换为计算机能够理解的数值形式。这一概念的起源和发展经历了多个重要阶段，下面将对起源、发展和未来展望三个阶段进行详细描述[76]。

4.1.1.1 起源

初步探索：词嵌入的概念起源于 20 世纪 80 ~ 90 年代的一系列研究。这些研究试图探索如何将单词转化为计算机能够理解的密集向量形式，而非传统的稀疏表示方法（如独热编码）[77]。

分布假说：词嵌入的基础理论是分布假说，即"词语的意义由其周围的词语决定"。这意味着可以通过分析词语的共现信息来捕捉其语义。

早期模型：最早的词嵌入模型在 20 世纪 90 年代出现，当时的研究集中在利用神经网络来学习词汇的向量表示，目的是提高语言模型的性能。

4.1.1.2 发展

Word2Vec：2013 年，Google 的研究团队推出了 Word2Vec，标志着词嵌入技术的重大突破。Word2Vec 引入了连续词袋（Continuous Bag-of-Words，CBOW）和跳跃式 gram（Skip-Gram）两种架构，它们都能有效地生成高质量的词嵌入。

GloVe：2014 年，斯坦福大学推出了全局向量模型。GloVe 结合了传统词共现矩阵的全局统计信息和局部上下文窗口的优点，提高了词嵌入的质量和表现力。

深度学习的影响：随着深度学习技术的发展，词嵌入技术得到了进一步的提升。例如，基于 Transformer 架构的 BERT 模型不仅能捕捉词级别的信息，还能理解整个句子的上下文，提供更为丰富和精准的词嵌入表示。

4.1.1.3 未来展望

更高级的语义理解：随着技术的不断进步，未来的词嵌入模型预计将能更深入地理解语言的复杂性和微妙之处，如捕捉更细微的语义差异和词义的多样性。

多模态和跨语言嵌入：探索结合文本以外的信息（如图像、声音）的多模态嵌入，以及适用于多种语言的通用词嵌入模型，是未来的重要发展方向。

更广泛的应用：随着词嵌入技术的成熟，其在各种自然语言处理任务中的应用将更加广泛，如更精准的机器翻译、更智能的对话系统和更高效的文本分析工具。

总的来说，词嵌入技术从最初的理论探索到现今的深度学习应用，已经取得了显著进展。未来，随着技术的不断创新和深入，词嵌入将在理解和处理自然语言方面发挥更加重要的作用。

4.1.2 词嵌入与传统词表示的比较

在自然语言处理中，词嵌入技术与传统的词表示方法相比，代表了一种重大的进步。传统的词表示方法，如独热编码，将每个词表示为一个高维稀疏向量，其中每个词都由一个唯一的向量表示，这些向量之间没有显示的语义关联。这种表示方法虽然直观，但缺乏效率和表达能力，因为它们无法捕捉词语之间的语义联系。

相比之下，词嵌入技术使用密集的向量来表示词语，这些向量在较低维度的空间中表示了词语的语义和语法特性。在这种表示中，语义或上下文上相似的词语在向量空间中彼此接近。这种密集且低维的特性使得词嵌入在处理大规模词汇时更为高效和实用。更重要的是，词嵌入能够捕捉更复杂的语言特征，如词语的多种含义和它们在不同语境中的变化。

随着深度学习技术的发展，词嵌入已经变得更加高级和复杂。现代的词嵌入模型，如 BERT 和 GPT，不仅捕捉单个词语的意义，还能理解整个句子或段落的上下文，提供更为动态和丰富的语义表达。这种上下文敏感的词嵌入能够大幅提高机器对自然语言的理解能力，从而在各种 NLP 任务中发挥关键作用。

总的来说，词嵌入技术在捕捉词语的深层语义特征、提高计算效率以及降低词表示的维度方面相比传统方法有显著优势，它已成为当代 NLP 中不可或缺的一部分。

4.1.3 词嵌入技术的主要特点和优势

词嵌入技术在自然语言处理领域中具有独特的特点和优势。它通过将词语转换为密集的数值向量，显著改善了机器处理和理解自然语言的能力。

4.1.3.1　主要特点

词嵌入技术的主要特点包括：

（1）密集向量表示。与传统的稀疏表示（如独热编码）不同，词嵌入使用密集向量表示每个词，通常维度远小于词汇表的大小。

（2）低维空间。词嵌入通常在较低的维度空间中捕捉词语的语义和语法特性，使信息表示更为紧凑。

（3）语义关系映射。在词嵌入的向量空间中，语义上相似或相关的词语在距离上更接近，反映了它们的语义关系。

（4）上下文敏感性。先进的词嵌入模型（如 BERT 和 GPT）能够根据上下文动态调整词语的表示，从而更准确地捕捉词义和语境。

4.1.3.2　优势

词嵌入技术的优势包括：

（1）更好的语义捕捉能力。由于能够表示词语之间的相对关系，词嵌入能更有效地捕捉和表达词语的语义。

（2）提高计算效率。密集且低维的词向量减少了计算资源的需求，提高了处理效率，尤其是在处理大规模数据集时。

（3）改善 NLP 任务的性能。在诸如文本分类、情感分析、机器翻译等任务中，词嵌入的使用极大地提高了模型的准确性和效果。

（4）适应复杂语境。上下文敏感的词嵌入模型能够理解同一词语在不同语境下的不同含义，使得模型的理解更加准确和深入。

综上所述，词嵌入技术通过其高效的语义表示、计算效率以及对复杂语境的适应性，在现代 NLP 任务中扮演了重要角色。随着深度学习技术的不断发展，词嵌入的方法和应用也在持续进化，推动着自然语言处理技术的前进。

4.2　词向量表示方法

Word2Vec 是一种词嵌入模型，用于将单词映射到连续的实数向量空间。它是由 Google 于 2013 年发布的，通过学习大规模文本语料库中单词的分布式表示，能够捕捉到单词之间的语义关系。

Word2Vec 主要有两个变种模型，分别是 CBOW 和 Skip-Gram。CBOW 模型旨在根据上下文单词来预测目标单词；而 Skip-Gram 模型则相反，它试图根据目标单词来预测上下文单词。这两种模型都使用神经网络来进行训练。

4.2.1 文本的分布式表示

Word2Vec 是一种用于自然语言处理的模型,它能将词语转换为向量形式。这种表示方法的核心思想是:"一个词的含义可以通过它周围的词来定义"。换句话说,词语的意义并不是孤立存在的,而是通过与其他词的关系来表达的。Word2Vec 模型通过学习大量文本数据,能够捕捉到词与词之间的语义关系。

Word2Vec 主要有两种架构:CBOW 和 Skip-Gram,CBOW 模型通过上下文的词语来预测当前词语,而 Skip-Gram 模型则通过当前词语来预测上下文。这两种模型都能有效地将词语映射到多维空间中,使得语义上相近的词语在向量空间中也相近。

Word2Vec 在其 CBOW 和 Skip-Gram 模型中采用了一种特殊的数据结构——霍夫曼树来提高训练效率。这种方法不同于传统的深度神经网络,它通过优化模型的结构来减少计算复杂度,从而加快词向量的训练过程。在 Word2Vec 中,霍夫曼树的构建是基于词汇频率的。词频越高的词在霍夫曼树中的路径越短,这意味着需要更少的步骤来访问这些高频词,从而减少模型的训练时间。

在霍夫曼树中,每个叶子节点代表词汇表中的一个词。因此,叶子节点的数量与词汇表的大小相等。这些叶子节点在 Word2Vec 模型中相当于传统 DNN 模型的输出层神经元。霍夫曼树的内部节点则相当于隐藏层神经元。它们不代表具体的词,而是用于在训练过程中传递和转换信息。但在 Word2Vec 中,约定与常规的霍夫曼树相反,即左子树编码为 1,右子树编码为 0。此外,还规定左子树的权重不小于右子树的权重。这种编码方式有助于在训练过程中快速找到目标词。霍夫曼树的方法有效减少了 Word2Vec 模型在训练过程中的计算负担,使得词向量的训练更加高效。

4.2.1.1 CBOW 模型

CBOW 模型是由 Tomas Mikolov 等人于 2013 年提出的一种用于生成词向量的神经网络模型。CBOW 模型的核心在于利用上下文(即一个单词周围的单词)来预测当前单词。

在 CBOW 模型中,输入是一个词的上下文(根据窗口大小确定的周围词),输出是这个词本身。例如,在句子"The dog ate this bone"中,如果窗口大小设为 5,那么当中心词为"ate"时,其上下文词为"The""dog""this""bone"。模型的目标是根据这些上下文词来预测或计算中心词"ate"的概率分布。

这种方法的一个主要优点是能够有效捕获单词间的语义和语法关系,并将这些关系编码到词向量中。这些词向量可以用于各种 NLP 任务,如文本分类、情感分析和机器翻译。

A　CBOW 模型的组成

CBOW 模型由三部分组成：输入层、隐藏层和输出层（由霍夫曼树构成），如图 4-1 所示。以下是这个模型的更详细的解释。

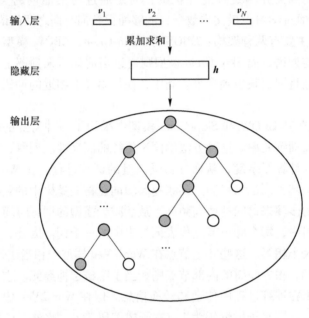

图 4-1　CBOW 模型

a　输入层

输入层接收上下文中的词向量。假设上下文窗口大小为 N，那么输入层将接收 N 个词的词向量，每个词的向量表示为 v_i。这些词向量通常是预先训练好的，或者在模型训练过程中进行更新。

b　隐藏层

隐藏层是一个线性层，其作用是将所有输入词向量累加求和（有时取平均）。这个累加或平均的过程实际上是在将上下文中所有词的信息融合在一起，生成一个表示整个上下文的中间向量，中间向量即隐藏层的输出 h 可以表示为：

$$h = \frac{1}{N} \sum_{i=1}^{N} v_i \tag{4-1}$$

c　输出层（霍夫曼树）

隐藏层的输出然后被用于预测中心词。在 CBOW 模型中，这通常是通过一个霍夫曼树实现的。霍夫曼树的每个叶节点代表一个单词。计算隐藏层输出到每个叶节点的概率，通常是通过 Softmax 函数完成的。如果假设霍夫曼树的每个叶节点有一个向量表示 u_j，其中 j 是词汇表中的单词，那么中心词是单词 w_j 的概率可以表示为：

$$P(w_j \mid \text{context}) = \frac{\exp(\boldsymbol{u}_j^{\mathrm{T}}\boldsymbol{h})}{\sum_{k=1}^{V} \exp(\boldsymbol{u}_k^{\mathrm{T}}\boldsymbol{h})} \tag{4-2}$$

式中 V——词汇表的大小。

基于如上所述的概率模型，在训练过程中，通过比较模型的预测和实际中心词来计算损失（如使用交叉熵损失）；然后使用梯度下降（或其他优化算法）来调整词向量，以最小化损失函数。

B CBOW 模型的变形和改进

CBOW 模型自推出以来，经历了多种变形和改进，以适应不同的自然语言处理需求。这些变形和改进旨在提高模型的准确性、效率，以及处理更复杂的语言结构的能力。以下是一些主要的变形和改进。

a 层次化 Softmax

为了提高训练效率，特别是在词汇量很大的情况下，层次化 Softmax 被引入。它使用一个二叉树来表示所有的词，每个词都是树的一个叶子节点。这种方法减少了计算量，因为它将一个多类问题转化为多个二分类问题。

b 负采样

另一种提高效率的方法是负采样。这种方法不是对整个词汇表进行预测，而是从词汇表中随机选择少量的负样本（即非上下文词）来更新权重。这简化了优化问题，加快了训练速度。

c 子词嵌入

为了处理词形变化和未登录词（即未在训练集中出现的词），模型被改进以包括对词的子部分（如前缀、后缀、根等）的嵌入。这种方法在处理像复合词和新词这样的问题时特别有效。

d 上下文窗口调整

调整上下文窗口大小也是一种改进方法。较大的窗口可以捕获更多的上下文信息，但可能会引入噪声；较小的窗口更专注于局部上下文。不同的任务和数据集可能需要不同大小的窗口。

e 多任务学习

在这种改进方法中，CBOW 模型被调整为同时执行多个任务（如词性标注、命名实体识别等），这可以帮助模型学习更丰富的词表示。

f 注意力机制

引入注意力机制可以让模型更加聚焦于上下文中最重要的部分，而不是简单地对上下文中的所有词进行平均。

4.2.1.2　Skip-Gram 模型

Skip-Gram 模型是由 Tomas Mikolov 及其团队提出的，这一模型是自然语言处理中的一个关键技术，特别是在词嵌入领域，该模型的提出极大地推动了词嵌入技术的发展，为后续的自然语言处理研究奠定了基础。该模型设计目的是通过预测一个词的上下文来学习词的向量表示，这在很多方面改进了我们对词义和语言结构的理解。

A　Skip-Gram 模型的组成

同 CBOW 模型相似，Skip-Gram 模型的网络结构也包括三个主要层次：输入层、隐藏层和输出层。

a　输入层

在输入层，目标词 w_i 被表示为一个独热编码向量 $\boldsymbol{x}$。假设词汇表的大小为 V，则 $\boldsymbol{x}$ 是一个 V 维向量，其中目标词的索引位置为 1，其余位置为 0。

b　隐藏层

隐藏层将输入向量 $\boldsymbol{x}$ 映射到 N 维的稠密向量 $\boldsymbol{h}$。这通过权重矩阵 $\boldsymbol{W}$ 实现，其中 $\boldsymbol{W}$ 是 $V \times N$ 的矩阵。输出 $\boldsymbol{h} = \boldsymbol{W}^{\mathrm{T}} \boldsymbol{x}$。

c　输出层

使用权重矩阵 $\boldsymbol{W}'$（$N \times V$ 维）来预测上下文词的概率分布。将隐藏层 $\boldsymbol{h}$ 的输出转换为原始分数，即 $\boldsymbol{u} = \boldsymbol{W}' \cdot \boldsymbol{h}$，然后应用 Softmax 函数将这些原始分数转换为概率分布：

$$P(w_o \mid w_i) = \mathrm{Softmax}(\boldsymbol{u}) = \frac{e^{u_{w_o}}}{\sum\limits_{j=1}^{V} e^{u_j}} \tag{4-3}$$

式中　$e^{u_{w_o}}$——上下文词 w_o 对应的原始分数的指数；

$\sum\limits_{j=1}^{V} e^{u_j}$—— 所有可能词汇的原始分数指数的总和。

在训练过程中，Skip-Gram 模型的目标是调整参数（权重），以最大化实际上下文词在这个概率分布中的概率。这通常通过最小化负对数似然损失函数来实现，即最大化 $\ln P(w_o \mid w_i)$。

$$L = -\sum_{w_o \in \mathrm{Context}(w_i)} \ln P(w_o \mid w_i) \tag{4-4}$$

通过这种方式，Skip-Gram 模型可以学习到能够捕捉词与词之间复杂关系的词嵌入，使其在后续的自然语言处理任务中得以有效应用。

B　霍夫曼树的应用

在 Skip-Gram 模型中，霍夫曼树的应用主要是为了优化模型的训练效率，特别是在处理大规模词汇表时。霍夫曼树用于改进 Skip-Gram 模型的输出层，特别是实现层次化 Softmax。以下是霍夫曼树在 Skip-Gram 模型中的作用和优势。

a 优化 Softmax 计算

在原始的 Skip-Gram 模型中，输出层使用标准的 Softmax 函数预测上下文词汇的概率。然而，当词汇表很大时，计算这个概率分布非常耗时，因为它涉及词汇表中每个词的指数级计算。霍夫曼树允许将这个复杂的多分类问题转化为一系列二分类问题，从而显著降低计算复杂度。

b 层次化 Softmax

在层次化 Softmax 中，每个词被表示为霍夫曼树中的一个叶节点，而每个非叶节点代表一个二分类决策。这种方式意味着预测一个特定词的概率不再需要计算整个词汇表的概率，而是沿着从根节点到该词的叶节点的路径进行一系列二分类决策。

对比 Word2Vec 的两种模型，其中 CBOW 模型更加适合于小型数据集，并且训练速度较快，但它在处理罕见词和捕捉细微上下文差异方面不如 Skip-Gram 模型。Skip-Gram 模型擅长处理大型数据集和捕捉罕见词或特定上下文的细微差别，但其训练速度较慢。选择 CBOW 还是 Skip-Gram 取决于数据集的大小、罕见词的处理需求以及可用的训练资源。在实践中，通常需要对两种模型进行实验，以确定哪一种更适合特定的任务。

4.2.2 其他词嵌入模型

4.2.2.1 GloVe

GloVe，即全局向量的词嵌入，是一种在自然语言处理中广泛使用的词嵌入技术。它由斯坦福大学的研究者于 2014 年开发，它的独特之处在于结合了整个语料库的全局统计信息和传统词嵌入方法的局部上下文特性，创造了一种新的词表示方式。GloVe 模型的核心是构建一个词共现矩阵，该矩阵基于整个语料库并记录了各个词语间的共现频率。这种方法使得 GloVe 能够捕捉到词语之间更广泛的关系，而不仅仅局限于局部上下文。此外，GloVe 的另一个关键特点是它的训练方式。作为一种无监督学习方法，GloVe 不依赖于标注过的数据，这意味着它可以从大量未标注的文本中学习。这种方法不仅提高了模型的可扩展性，还使其能够利用丰富的现实世界文本，从而学习到更全面的词语表示。总而言之，GloVe 通过其独特的结合全局统计和局部上下文的方法，提供了一种强大而有效的方式来捕捉词语在语言中的丰富语义和使用模式。

假设词汇表大小为 V，对于词汇表中的每一对词 (i,j)，计算它们在特定上下文窗口内共同出现的次数，形成一个 $V \times V$ 的共现矩阵 X。在这个矩阵中，X_{ij} 表示词 j 在词 i 的上下文中出现的次数。

　　GloVe 的目标是学习词向量，使得这些向量的点积尽可能接近它们共现概率的对数值。对于每个词 i 和 j，它们的词向量分别为 $\boldsymbol{w}_i$ 和 $\boldsymbol{w}_j$，目标函数定义如下：

$$J = \sum_{i,j=1}^{V} f(X_{ij})(\boldsymbol{w}_i^{\mathrm{T}}\boldsymbol{w}_j + b_i + b_j - \ln X_{ij})^2 \tag{4-5}$$

式中　$\boldsymbol{w}_i^{\mathrm{T}}\boldsymbol{w}_j$——词 i 和词 j 的向量的点积；

　　　b_i，b_j——词 i 和词 j 的偏置项；

　　　$f(X_{ij})$——一个权重函数，用于处理不同共现次数的重要性。通常定义为：

$$f(x) = \begin{cases} (x/x_{\max})^{\alpha} & x < x_{\max} \\ 1 & \text{其他} \end{cases} \tag{4-6}$$

式中　α——通常取值为 3/4；

　　　$x_{\max}$——一个预设的最大共现次数阈值。

　　GloVe 通常采用迭代优化算法，如随机梯度下降（SGD），以逐步调整每个词的向量表示和偏置项，直至损失函数的值最小化。训练完成后，每个词语都被表示为一个高质量的密集向量，这些向量在多维空间中捕捉了词语之间的复杂语义和语法关系。在这个向量空间中，具有相似意义的词彼此靠近，而意义不同的词则相距较远。GloVe 模型的训练过程是一种有效的方式来学习词语间的细微关系，最终生成的词嵌入向量能够在多种自然语言处理任务中提供深入的语义理解和强大的表现。

4.2.2.2　FastText

　　FastText 是由 Facebook AI 研究团队开发的一种先进的词向量和文本分类工具，自 2016 年开源以来，它在自然语言处理领域中迅速获得了广泛的应用和认可。FastText 的核心特点在于它对单词表示和句子分类的高效处理能力。这一工具的设计初衷是为了解决传统文本处理方法在处理大规模数据时面临的速度和性能瓶颈，同时保持着对多语言文本的良好处理能力。

　　FastText 在词向量表示方面的主要创新在于它不仅考虑整个单词，还将单词的子字符串，尤其是字符级别的 N-Grams 纳入考虑。这种方法使得 FastText 能够为那些在训练数据中从未出现过的单词生成向量表示，从而有效地处理罕见词或新词。例如，即使某个特定的单词在训练集中未曾出现，FastText 也可以通过分析该单词的字符级 N-Grams 来推断其向量表示。这种能力在处理复杂语言环境下的文本，特别是在包含丰富新词汇的在线文本内容中，显示出了极大的优势。

　　在文本分类方面，FastText 同样展现出了其独特的优势。通过对文本中所有单词的向量进行平均，然后直接连接一个 Softmax 层来进行分类。这种方法不仅简单，而且效果显著。与此同时，由于模型的结构相对简单，FastText 在训练时的速度极快，这使得它在需要快速处理大量文本数据的场景中尤为有用。例如，在社交媒体内容的情感分析、新闻文章的主题分类等领域，FastText 因其高效性而被广泛采用。

FastText 的另一个显著特点是其对多语言的支持能力。其对子字符串的处理方式使得 FastText 不仅在处理英语等使用空格分隔单词的语言时表现出色，也能有效地处理如中文等非空格分隔的语言。对于中文这样的语言，使用 FastText 之前需要进行分词处理。这是因为 FastText 依赖于单词级别的输入来学习词向量或进行文本分类。在中文文本处理中，分词成为了一个不可或缺的步骤，因为它将连续的文本字符串分解为可被 FastText 处理的独立单元。

尽管 FastText 在处理文本时表现出色，但它并不是万能的。在某些复杂的自然语言处理任务中，如语义理解、对话系统等，可能需要更复杂的深度学习模型来捕获文本的深层次特征。然而，在需要快速而有效地处理大量文本数据的场景中，FastText 无疑是一个强有力的选择。

FastText 不仅是自然语言处理领域的研究者和工程师的利器，也为那些希望在自己的项目中快速实现文本分类和词向量表示功能的开发者提供了极大的便利。随着人工智能和机器学习技术的不断发展，FastText 这样的工具将继续在简化复杂数据处理和加速信息提取方面发挥重要作用。

4.3 表示学习在短文本分类中的应用

短文本分类面临的主要挑战是信息量有限和缺乏足够的上下文线索。因此，如何有效地表示文本成为提高分类准确性的关键。Word2Vec 和 GloVe 通过将词语映射为密集向量来捕获语义信息。此外，上下文敏感的词嵌入模型，如 ELMo[78] 和 BERT，提供了更加精准的上下文相关词表示，使得即使在信息量较少的短文本中，也能有效捕获细微的语义差异。Transformer 模型及其变体（例如 BERT、GPT）通过自注意力机制，可以全面关注文本中的每个部分，有效捕获全局语义信息。这些表示学习技术在情感分析、话题识别、垃圾邮件检测等多种短文本分类应用中表现出色，随着深度学习技术的不断发展，它们在精确度和效率上不断提升，成为处理短文本分类任务的强大工具。

4.3.1 词嵌入在短文本分类中的应用案例

在当今信息时代，自然语言处理和机器学习技术在处理和分析大规模文本数据中发挥着越来越重要的作用。特别是在短文本分类领域，这些技术的应用展现了显著的效果和广泛的适用性。社交媒体情感分析、产品评论分类、垃圾短信检测都是词嵌入技术在实际应用中的典型例子。

案例 1：社交媒体情感分析

社交媒体情感分析是一种通过分析用户发表的短文本（如推文、评论）来判断其情感倾向的技术。这在品牌监测、市场趋势分析以及公共舆论监控等领域具有重要应用。

A　技术实现

（1）数据收集与预处理。首先从社交媒体平台收集短文本数据，包括用户的推文和评论。然后进行预处理，如去除无关字符、URL 链接、用户标签等。

（2）词嵌入转换。使用如 Word2Vec 或 GloVe 等词嵌入模型将文本中的每个词转换为固定长度的向量。这些向量能够捕获词汇的语义信息，并考虑到词与词之间的相似性。

（3）特征表示。将一条推文或评论中所有词的向量进行聚合（如平均或加权平均），形成该文本的整体向量表示。

（4）模型训练与分类。使用这些向量表示作为特征，训练如支持向量机（Support Vector Machine，SVM）、逻辑回归或神经网络等分类器来判断文本的情感倾向。

B　挑战与解决方案

由于社交媒体文本的非正式性和多样性，常常包含俚语、表情符号等，处理这些特殊元素是一个挑战。可以通过构建特殊的词嵌入来解决，或者利用更高级的模型如 BERT 进行情感分析。对于具有讽刺或双关语的文本，传统的基于词嵌入的方法可能难以准确分类。在这种情况下，结合上下文敏感的词嵌入模型或加入语境分析可提高准确率。

案例 2：产品评论分类

电子商务网站上的产品评论分类对于理解消费者满意度、改进产品和服务至关重要。自动分类这些评论可以帮助企业快速响应消费者的反馈和市场需求。

A　技术实现

（1）数据准备。从电商平台收集产品评论数据。这些数据通常包括评论文本和相关的评分或分类标签。

（2）词嵌入应用。利用词嵌入模型（如 Word2Vec 或 GloVe）将评论中的词语转换为向量。

（3）特征构建。对于每条评论，将其所有词向量进行聚合，形成整体的文本表示。

（4）分类模型训练。使用得到的特征训练分类模型（如决策树、随机森林、神经网络等）来对评论进行分类。

B 挑战与解决方案

产品评论常常包含专业术语或特定领域的词汇，传统的词嵌入可能无法有效捕获这些词的含义。可以通过在特定领域的大型数据集上训练词嵌入来解决这个问题。

由于评论长度不一，处理不同长度的文本是另一个挑战。可以采用序列模型如 LSTM 处理变长的文本数据。

案例3：垃圾短信检测

垃圾短信检测是移动通信领域中的一个重要任务，其目的是识别并过滤不受欢迎或有害的信息，保护用户免受骚扰和欺诈。

A 技术实现

（1）数据收集与处理。收集短信数据，包括正常短信和垃圾短信。对文本进行预处理，如去除噪声、标准化文本等。

（2）词嵌入转换。使用词嵌入模型将短信中的词语转换为向量。

（3）特征表示。对每条短信的词向量进行聚合，构建文本的特征表示。

（4）模型训练与分类。利用这些特征训练分类模型，如朴素贝叶斯、SVM等，来区分垃圾短信和正常短信。

B 挑战与解决方案

垃圾短信常使用特殊字符、变体词汇或隐藏的含义来逃避检测。为应对这一挑战，可以结合基于规则的方法和词嵌入技术。随着垃圾短信策略的不断变化，模型需要定期更新以保持有效性。利用在线学习或定期对模型进行重新训练可以解决这个问题。

通过将复杂的语言转换为机器可理解的向量形式，词嵌入不仅提高了文本分类的准确性，还大大提升了处理速度。这些案例不仅展示了词嵌入技术在不同领域的实际应用，还突显了处理短文本的挑战和相应的解决策略。无论是在商业智能、消费者洞察，还是在信息安全领域，这些技术的应用都对我们理解和利用大数据提供了新的视角和方法。随着技术的不断进步，我们可以期待词嵌入和相关NLP 技术在未来带来更多创新和突破。

4.3.2 高级表示学习技术

4.3.2.1 上下文敏感的词嵌入

A ELMo（Embeddings from Language Models）

ELMo 是一种先进的词嵌入技术，它代表了自然语言处理领域的一个重要转折点。不同于传统的词嵌入方法（如 Word2Vec 或 GloVe），ELMo 生成的词嵌入是上下文敏感的。这意味着同一个词在不同上下文中会有不同的嵌入表示。ELMo 通过双向 LSTM 网络模型来实现这一点，有效地捕获了词在不同语境中的语义变化。

在 ELMo 模型中，文本首先经过一个双向的 LSTM 处理，这允许模型同时学习到词汇在其之前和之后上下文中的信息。这种双向处理方式是 ELMo 的核心特点之一，因为它能够生成更加丰富和精确的词义表示。例如，在句子"我今天早上吃了一个苹果"和"苹果公司即将发布新的产品"中，"苹果"这个词在两个句子中有完全不同的含义，ELMo 能够根据上下文区分这种差异。

ELMo 的另一个优势是其层次化的特征表示。在 ELMo 中，不同层的 LSTM 捕获了不同层次的语言特征，低层可能捕获词汇级别的信息，而高层能捕获更抽象的句子级特征。这种层次化的表示使得 ELMo 在各种 NLP 任务中表现出色，包括情感分析、语义角色标注、机器翻译等。

ELMo 的引入极大地改善了多项 NLP 任务的性能，特别是在理解复杂句子结构和含义方面。它的成功也为后续的上下文敏感词嵌入模型（如 BERT）奠定了基础。

B BERT

BERT 是一种基于 Transformer 的语言表示模型，它在 NLP 领域引起了巨大的关注。BERT 的核心创新是其能够通过双向训练过程捕捉丰富的上下文信息，这一点与传统的单向语言模型或 ELMo 的双向但非并行处理方式不同。

BERT 的训练过程包括两个主要阶段：预训练和微调。在预训练阶段，BERT 通过大规模的无标签文本进行训练，学习语言的深层特征。这一阶段使用了两种任务：掩码语言模型（Masked Language Model，MLM）和下一句预测（Next Sentence Prediction，NSP）。MLM 任务随机遮蔽一些单词，并要求模型预测这些遮蔽词，从而学习到单词的上下文表示；NSP 任务则训练模型理解句子间的关系。

在微调阶段，BERT 模型可以针对特定的下游任务进行调整，如情感分析、问答系统、文本分类等。这一阶段通过少量的有标签数据进行，使模型能够适应特定的任务需求。

BERT 的引入在 NLP 领域产生了深远的影响。它不仅在多项基准测试中刷新了记录，而且由于其强大的泛化能力，广泛应用于各种语言处理任务中。BERT 的成功也催生了一系列基于 Transformer 的变体模型，如 RoBERTa、GPT 系列等，进一步推动了 NLP 技术的发展。

4.3.2.2 Transformer 模型在短文本分类中的应用

Transformer 模型自 2017 年由 Google 的研究者提出以来，已经成为 NLP 领域的一个重要里程碑。其核心特点是自注意力（Self-Attention）机制，这使得模型能够关注输入序列中的所有位置，并从中学习到全局依赖关系。这种机制使Transformer 在处理长序列数据时具有显著优势。

在短文本分类任务中，Transformer 模型展现出了其特有的优势。短文本，如推文、产品评论等，虽然字数不多，但往往包含丰富的情感和观点。Transformer 模型能够有效捕获这些短文本中的细微语义差异，从而提高分类的准确性。

Transformer 模型在短文本分类中的应用通常涉及以下步骤：

（1）数据预处理。将文本数据转换为模型可以处理的格式，包括词汇映射、序列化等。

（2）模型训练。使用 Transformer 架构，通过自注意力机制学习文本中的语义和结构信息。

（3）分类任务。在 Transformer 的基础上加上分类层，进行具体的文本分类任务。

由于其出色的表现，Transformer 及其变体（如 BERT）已被广泛应用于各种短文本分类任务中，如情感分析、话题识别、垃圾邮件检测等。这些模型的应用不仅提高了分类任务的准确性，也大大提升了处理速度，使得它们在商业和学术领域都获得了广泛的应用。

4.3.3 评估方法和性能指标

在自然语言处理中，评估词嵌入和表示学习方法的性能是非常重要的。这些评估方法和性能指标帮助我们了解模型的效果，并指导我们进行进一步的优化。以下是一些常用的评估方法和性能指标。

4.3.3.1 评估方法

A 内在评估（Intrinsic Evaluation）

内在评估关注于词嵌入本身的质量。这通常通过一系列专门设计的任务来完成，如词义相似度、类比推理（如"man"到"woman"类似于"king"到什么?）等。这种评估方法直接检验词向量的语义和语法特性。

B 外在评估（Extrinsic Evaluation）

外在评估通过将词嵌入应用于特定的下游任务（如文本分类、情感分析、机器翻译等）来评估其效果。该方法考察词嵌入在实际应用中的性能，反映了词嵌入在实际 NLP 任务中的实用价值。

4.3.3.2　性能指标

A　准确率（Accuracy）

在分类任务中，准确率是最常见的性能指标，表示模型预测正确的比例。

B　精确度（Precision）和召回率（Recall）

精确度是指预测为正类的样本中实际正类的比例；召回率是指实际正类中被预测为正类的比例。这两个指标在不平衡数据集中尤为重要。

C　F1 分数（F1 Score）

F1 分数是精确度和召回率的调和平均，常用于评估那些对精确度和召回率同等重视的场景。

D　均方误差（Mean Squared Error，MSE）

在词义相似度等回归任务中，均方误差用于评估预测值与实际值之间的差异。

E　余弦相似度（Cosine Similarity）

在评估词嵌入的语义相似度时，常用余弦相似度来衡量不同词向量之间的相似程度。

F　困惑度（Perplexity）

在语言模型评估中，困惑度衡量模型对数据的理解程度，困惑度越低，模型的性能通常越好。

4.3.3.3　应用实例

在情感分析任务中，可以通过比较使用不同词嵌入技术训练的模型的准确率、精确度和召回率、F1 分数来评估它们的性能。在词义相似度任务中，可以使用余弦相似度和均方误差来评估词嵌入的准确性。在语言模型任务中，可以通过困惑度来评估模型对语言结构的理解能力。这些评估方法和性能指标为我们提供了全面了解和比较不同词嵌入和表示学习技术性能的工具。

5 深度学习模型

5.1 卷积神经网络

卷积神经网络（CNN），作为深度学习领域的一种关键模型，特别擅长处理视觉图像。这种模型可以被视为一种复杂的多层感知器，类似于传统的人工神经网络。CNN 的发展受到了著名计算机科学家 Yann LeCun 的显著影响。他不仅在 Facebook 担任重要职务，而且是通过使用 CNN 在 MNIST 数据集上成功识别手写数字的先锋。LeCun 的工作标志着 CNN 在图像处理领域的重大突破，为后续的研究和应用奠定了坚实的基础。

CNN 的设计理念在很大程度上是受到生物学中的视觉处理机制的影响。这一点特别体现在它们的神经元连接方式上，这种方式与动物视觉皮层中的神经元结构有着相似之处。在动物的视觉皮层里，神经元的排列和功能特别适合于处理和解析视觉输入，CNN 正是利用了这一点，通过其卷积层内的神经元以类似的方式来分析和处理图像数据。

图 5-1 展示的是人类视觉系统的基本构造以及视觉信息处理的路径。图中展

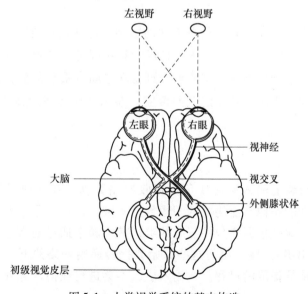

图 5-1　人类视觉系统的基本构造

示了左视野和右视野的信息是如何通过左眼和右眼接收，然后通过视神经传输，经过视神经交叉（视交叉）部分的信号交换后，分别到达大脑的左右半球。左视野的信息被传送到右脑半球，而右视野的信息被传送到左脑半球。此外，图中还展示了外侧膝状体和初级视觉皮层的位置，这两个部分在处理视觉信息中也起着关键作用。人与计算机视觉差异如图 5-2 所示。

计算机视觉的目标：
桥接像素与"意义"之间的鸿沟

我们所看到的

0	3	2	5	4	7	6	9	8
3	0	1	2	3	4	5	6	7
2	1	0	3	2	5	4	7	8
5	2	3	0	1	2	3	4	5
4	3	2	1	0	3	0	2	3
7	4	5	2	3	0	1	2	3
6	5	4	3	2	1	0	3	2
9	6	7	4	5	2	3	0	1
8	7	6	5	4	3	2	1	0

计算机所看到的

图 5-2   人与计算机视觉差异

CNN 的开发受到生物视觉处理方式的影响，特别是神经元如何在视觉系统中互相连接。在生物体中，每个皮层神经元只对限定的视野区域，也就是所谓的感受野内的刺激做出响应。这些感受野相互之间有重叠部分，这样的安排使得整个视野得到了皮层神经元的全面覆盖。卷积神经网络的整体架构如图 5-3 所示。

5.1.1   输入层

卷积神经网络的输入层主要负责接收原始数据。在处理视觉图像的任务中，输入层接受的是像素值构成的图像数据。例如，一张彩色图像会被表示为一个宽度×高度×颜色通道数的三维数组，其中颜色通道通常是红、绿、蓝三个颜色通道（RGB）。输入层将这些原始数据传递给网络的下一层，即第一个卷积层，开始特征提取的过程。在输入层，不会进行任何计算处理，只是简单地传递数据。

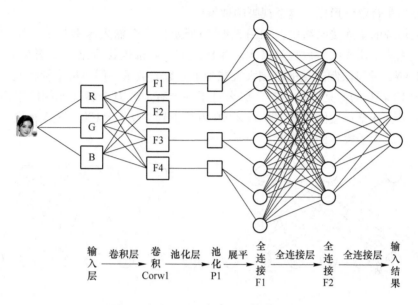

图 5-3　卷积神经网络的整体架构

5.1.2　卷积层

在卷积层中，特征的学习是通过一种精心设计的过程实现的。每个卷积层包含多个特征图，它们是通过对输入数据应用一系列不同的卷积核（也称为滤波器或特征检测器）生成的。这些卷积核专注于提取输入数据的局部特征，每个卷积核负责捕捉特定类型的模式，如边缘、纹理或更复杂的形状。当卷积核在输入数据上滑动时，它们仅与其覆盖的小区域（局部感知野）进行交互，从而生成特征图上的相应值。此后，这些生成的特征图会被传递给非线性激活函数，如Sigmoid、ReLU 或 tanh，这增加了网络的非线性并允许它学习更复杂的特征表示。在这个过程中，每个特征图使用的卷积核是相同的，实现了所谓的权值共享，这不仅减少了模型的复杂度，还使网络更易于训练。通过这种方式，卷积层能够有效地将输入数据转换为更加丰富和有表现力的特征表示，为后续的层次提供了必要的信息。

A　局部感知

卷积神经网络通过局部感知野来模仿人类视觉系统的处理方式，关注图像的局部区域以学习特征，而不是一次性处理整个图像。在生物视觉系统中，神经元通常对其感受野内的刺激做出反应，而不是对远处的视觉刺激。类似地，CNN中的每个神经元通过局部连接方式，只与输入图像的一个小区域相关联，而这些小区域的集合最终形成了整个视野的理解。

在传统的全连接网络中，如图 5-4(a)所示，每个输入像素与下一层的所有神经元相连，这导致参数数量极大。相比之下，局部连接网络，如图 5-4(b)所示的 CNN，通过限制连接的范围大大减少了参数的数量。假设每个神经元仅与前一层中 10×10 的像素区域相连，那么对于一个有 100 万个神经元的层来说，参数的数量会从全连接网络的 100 万×100 万减少到 100 万×100，大大减轻了计算负担，并减少了模型的复杂度。

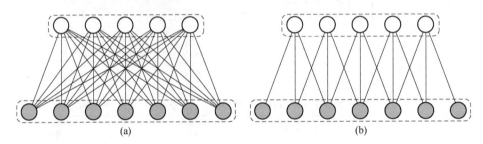

图 5-4   神经网络的全连接与 CNN 的局部连接
(a) 全连接；(b) 局部连接

此外，这 10×10 的像素区域与相应的卷积核参数相乘，就构成了卷积操作的基础。这种卷积操作允许网络学习到如边缘、纹理等图像特征，并在网络的更高层次中整合这些特征来形成对更复杂图像结构的理解。

B   全局共享

这种从局部到全局的信息整合方式不仅提高了网络的空间效率，而且使网络能够在保持较少参数的同时，捕捉到图像的层次结构和复杂特征，这对于图像识别、物体检测等任务至关重要。

卷积神经网络已经通过局部感知野减少了参数数量，但在实际应用中，尤其是处理含有百万级神经元的大型图像时，这些参数依然可能过多。解决这个问题的关键在于启用卷积神经网络的第二级神器：权值共享。权值共享的思想是，网络中每个特定的特征探测器，或者说卷积核，所学习到的特征在图像的不同位置是通用的，不需要对每个位置都有独立的参数集。这是基于一个前提，即图像中某一区域的统计特性可以代表其他区域。因此，一旦一个卷积核在图像的一部分学习到了特征，我们就可以用这个卷积核在图像的任何其他部分探测同样的特征。这意味着无论图像的哪个部分，都可以用相同的参数集来识别特征，从而使得原本每个神经元需要 100 个参数的网络，现在整个网络只需要 100 个参数。

这种方法不仅极大地减少了必须学习的参数数量，而且也让网络能够更加高效地提取图像特征。例如，如果从一个大尺寸图像中选取一个 8×8 的区域并从中学习到特征，就可以将这些特征作为一种普遍的探测器应用于整个图像。具体到操作，这意味着将从这个 8×8 的区域中学习到的卷积核与大尺寸图像的每个相应区域进行卷积，以便在图像的每个位置上激活相应的特征。

如图 5-5 所示，展示了一个 3×3 的卷积核在 5×5 的图像上做卷积的过程。这个过程可以类比于用一个筛子筛选图像，筛子的孔洞对应于卷积核的模式，能够识别并提取出那些匹配特定模式的图像部分。这种权值共享机制不仅提升了图像处理的效率，还增强了网络对输入数据的理解能力，使其能够在多样化的情境下，对相似的特征做出一致的反应。

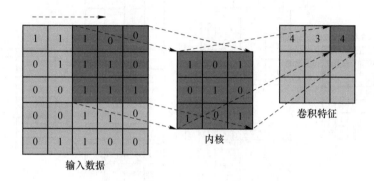

图 5-5 CNN 卷积过程

C 多卷积核

在卷积神经网络中，通过实施权值共享，已经大大降低了模型的参数数量，这种策略使得每个卷积核在图像的任何位置都能够寻找相同的特征，从而使得整个网络的参数数量仅仅取决于这个卷积核的大小。例如，如果使用一个 10×10 的卷积核，全网络只需 100 个独立参数，这大大减少了计算负担。然而，这样的设置仅仅允许我们探测一种类型的特征，这在实践中是不够的，因为现实世界的图像是由多种特征组成的。

为了更充分地提取图像中丰富的特征，可以扩展模型的能力，引入多个卷积核，每个卷积核负责捕捉图像中的不同特征。例如，通过增加到 32 个不同的 10×10 卷积核，使得网络能够学习和识别 32 种不同的特征，如不同方向的边缘、各种纹理模式，甚至是更复杂的形状和对象特征。这样，每个卷积核都使用权值共享来减少参数，通过并行使用多个卷积核，网络就能够构建一个更为全面和详细的特征映射集，每个映射集捕捉输入数据的不同方面。

在这种配置中，网络的参数数量变为单个卷积核参数与卷积核数量的乘积。即使如此，参数的总数仍然比全连接网络要少得多，同时网络的表现力却被极大地增强。这种方法不仅优化了模型的计算效率，还增强了模型在视觉任务中的性能，使得网络可以从多个角度和层次理解输入的图像数据，这对于图像分类、目标检测和图像分割等任务至关重要。

图 5-6 展示了在三个通道上的卷积操作，有两个卷积核，生成两个通道。其中需要注意的是，三个通道上每个通道对应一个卷积核，先将 $\boldsymbol{W}^1$ 忽略，只看 $\boldsymbol{W}^0$，那么在 $\boldsymbol{W}^0$ 的某位置 (i,j) 处的值，是由三个通道上 (i,j) 处邻近区域的卷积结果相加然后再取激活函数（假设选择 tanh 函数）值得到的。

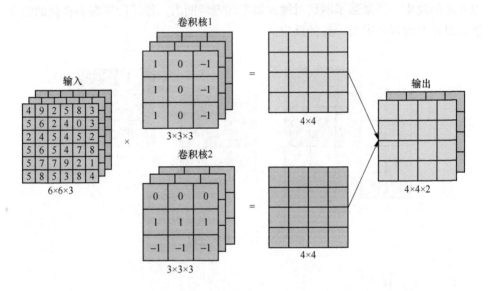

图 5-6　CNN 三个通道上的卷积操作

$$h_{ij}^0 = \tanh\left\{\sum_{k=0}^{3}\left[\boldsymbol{W}^k \times (\boldsymbol{W}^0 \times x_{ij} + b_0)\right]\right\} \tag{5-1}$$

在实际应用中，往往使用多层卷积，然后再使用全连接层进行训练，多层卷积的目的是一层卷积学到的特征往往是局部的，层数越高，学到的特征就越全局化。

5.1.3　池化层

在卷积神经网络中，卷积层提取的特征用于捕捉图像的关键信息，这些信息随后被用来训练分类器。理论上，可以直接利用所有这些特征来训练一个分类器，如 Softmax 分类器。然而，这种方法会面临巨大的计算挑战。举例来说，对于一个 96×96 像素的图像，如果有 400 个 8×8 大小的卷积核，每个卷积核都会在图像上生成一个 89×89 维的卷积特征，这意味着每个图像样本将产生一个维度高达 3168400 的特征向量，这不仅计算量巨大，而且极易导致模型过拟合。

为了克服这个问题，可以利用图像的统计属性，这是基于一个假设，即在图像的一个区域内有效的特征在图像的其他区域同样有效。因此，一个自然的处理方法是对图像的不同区域内的特征进行聚合统计，比如计算某个特定特征在一个区域内的平均值或者最大值。这样的统计不仅大大降低了特征的维度，而且通过聚合，能提高模型的泛化能力，从而降低过拟合的风险。这种聚合操作被称为池化，具体可以是平均池化或最大池化，根据采用的统计方法而定。图 5-7 即是一个单独的深度切片进行最大池化过程，通过这个操作，原始的 4×4 特征图被减小为了 2×2 的特征图，同时保留了每个区域的最大值。

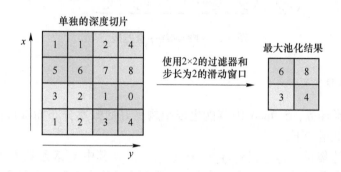

图 5-7 CNN 池化层

池化层通常紧随卷积层之后，在降低特征维度的同时，它们还能保持特征的空间层级结构，这是因为即使在采样之后，这些池化后的特征仍然保留了空间信息，只是在更抽象的层次上。通过这种方式，卷积神经网络能够有效地处理图像，并为分类任务提供了表达能力强且计算效率高的特征表示。

5.1.4 全连接层

几个卷积层和池化层之后，通常有一个或多个全连接层，全连接层的目的是将这些局部特征集成起来，进行更高级别的抽象和推理。在全连接层中，每个神经元都与前一层的所有神经元相连，这与传统的密集神经网络的工作方式相同。不过，与卷积层不同的是，在全连接层中，输入数据的空间结构信息不会被保留。这些层主要负责将特征映射到最终的输出，如分类标签或回归值。全连接层是决策过程的关键部分，它整合所有的特征并产生最终的预测结果。

图 5-8 是神经网络中全连接层的抽象表示。在这个结构中，可以看到三层神经元：第一层为 layer $i-1$，中间层称为 layer i，第三层（顶层）称为 layer $i+1$。在全连接层中，每个神经元与前一层中的所有神经元相连接。这种连接模式意味着前一层的每个神经元的输出都会作为输入信号发送到下一层的每个神经元。在这个示例中，layer $i-1$ 的每个神经元都与 layer i 的所有神经元相连，同样，layer i 的每个神经元也都与 layer $i+1$ 的所有神经元相连。

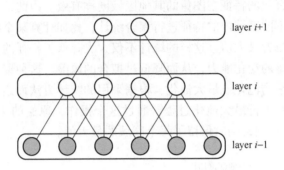

图 5-8　神经网络中全连接层

5.1.5　输出层

对于分类任务，Softmax 因其能生成结构良好的概率分布而被广泛应用。这个过程可以概括如下：

假设训练集 $\{(x_1,y_1),(x_1,y_2),\cdots,(x_n,y_n)\}$，其中 x_i 表示第 i 个输入图像，而 y_i 是对应的类标签。对于每个输入 x_i，模型会计算它属于每个类别的原始预测值。这些原始预测值经过 Softmax 函数转换，将预测转换为非负值，并进行正则化处理。

$$\mathrm{Softmax}(z_j) = \frac{\mathrm{e}^{z_j}}{\sum_{k=1}^{K} \mathrm{e}^{z_k}} \tag{5-2}$$

5.2　循环神经网络

循环神经网络（RNN）的发展历程可以追溯到早期神经网络的探索，尽管其并非直接源于霍普菲尔德网络，但受到了早期神经网络理念的影响。最初，霍普菲尔德网络在 1980 年代引入，主要用于关联记忆的存储和回忆，但由于技术限制并未广泛应用。随着时间的推移，全连接神经网络如多层感知器在 1986 年左右开始流行，但这些网络在处理序列数据时遇到了困难，尤其是无法有效利用数据中的时间序列信息。为了克服这些限制，RNN 被提出并得到发展。RNN 通过其内部的循环连接结构能够维持状态（或记忆），有效地处理和分析序列数据，如时间序列分析、语音识别、语言模型和机器翻译等。这种独特的结构让 RNN 在处理需要考虑时间依赖性的复杂任务方面展现出了卓越的性能。例如，在预测文本中的下一个词时，RNN 会考虑当前词以及之前的词。这是因为在一个句子中，词与词之间是相互关联的。例如，如果当前词是"很"且前一个词是"天空"，那么下一个词很可能是"蓝"。RNN 通过其隐藏层节点间的连接，记住并利用这些序列信息来影响后续输出。简而言之，RNN 的设计允许它捕捉序列数据中的时间相关性。

如图 5-9 所示，循环神经网络的核心机制是在每个时间点 t，RNN 会结合当前的输入和模型的状态来产生一个输出，并更新模型的状态。RNN 的特点是它的主要组件，即模块 A，不仅接收当前时刻的输入，还接收上一个时刻的隐藏状态，形成一个循环。

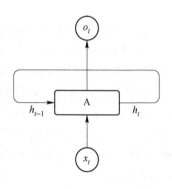

图 5-9 典型的 RNN 结构

在每个时间点，模块 A 读取输入和隐藏状态，然后更新新的隐藏状态并生成当前时刻的输出。由于这个模块 A 在各个时间点的运算和变量是相同的，理论上，RNN 可以被视为同一个网络结构在时间序列上不断复制的结果。这与卷积神经网络在不同空间位置共享参数的原理相似。RNN 通过在不同时间点共享参数，能够用有限的参数来处理任意长度的序列数据。这种设计使得 RNN 特别适合于处理和预测序列数据，如文本或时间序列数据。

RNN 的当前状态是由上一时刻的状态和当前时刻的输入共同决定的。在时刻 t，状态包含了之前序列 $x_0, x_1, \cdots, x_{t-1}$ 的信息，这些信息被用来作为生成输出的依据。由于序列的长度理论上可以无限延长，但状态 h 的维度是有限的，RNN 必须学习如何仅保留与后续任务 $o_t, o_{t+1}, \cdots$ 最相关的关键信息。

RNN 的这种时间展开在模型训练中扮演着关键角色。如图 5-10 所示，当对长度为 N 的序列进行展开时，RNN 可以被视作一个有 N 个中间层的前馈神经网络。这个网络没有循环链接，因此可以使用标准的反向传播算法进行训练，而不需要特殊的优化技术。这种训练方法被称为沿时间反向传播（Back-Propagation Through Time，BPTT），是训练循环神经网络的最常用方法。通过 BPTT，RNN 能够调整其参数，从而更有效地捕捉和记忆序列数据中的时间依赖性。

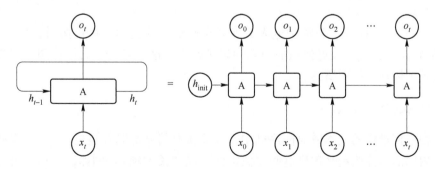

图 5-10 展开的 RNN

5.3　长短期记忆网络

循环神经网络是一种专门为处理时间序列数据而设计的神经网络。这种网络的主要优势在于它能够记忆并利用之前的信息来影响当前和未来的决策。RNN在处理长度较短的序列数据时表现尤为出色。

以语言模型为例，其目的是根据前面的词来预测下一个词。例如，在预测句子"the clouds are in the sky"的最后一个词时，RNN 能够根据之前的词"the clouds are in the"来推断出下一个词很可能是"sky"。这种场景下，所需信息与预测目标之间的距离相对较短，RNN 可以有效地学习并利用这些先前的信息来进行预测。

然而在某些复杂的情境下，特别是当处理的序列中相关信息与当前预测位置之间的间隔较大时，传统的循环神经网络可能面临挑战。以下面句子为例，"I grew up in France … I speak fluent French"这句话中，"France"和最后的"French"之间的联系对于理解整个句子的含义至关重要。在这种情境下，需要处理的信息可能跨越了很长的文本距离。传统的 RNN 由于其短期记忆的特性，可能难以维持和利用这种长期的上下文信息。

长短期记忆网络（LSTM）是一种特殊类型的循环神经网络，它由 Hochreiter和 Schmidhuber 在 1997 年提出，并随后由 Alex Graves 等人进一步改良和推广。LSTM 的主要创新在于它通过引入一系列复杂的门控机制（包括遗忘门、输入门和输出门），以及一种维持信息流的细胞状态，从而有效地保留了长期依赖信息，解决了传统 RNN 在处理长时间序列数据时遇到的梯度消失问题。

LSTM 在自然语言处理领域尤为突出，如在语言建模、机器翻译、语音识别等任务中，LSTM 能够有效地处理和分析文本或语音中的时序信息。此外，它们也被广泛应用于其他需要处理时间序列数据的领域，如金融市场分析、序列预测和生物信息学等。LSTM 的这些特性使其成为处理具有复杂时间依赖性问题的强大工具。

LSTM 的设计理念非常贴近人类处理自然语言的直觉。在自然语言处理中，LSTM 模仿了人类对关键信息的识别和记忆能力，这一点在它的结构和工作机制中得到了体现，如下所述。

5.3.1　关键信息的识别

在任何给定的文本或时间序列中，并非所有信息都同等重要。LSTM 能够通过其内部的门控机制来识别这些"关键词"或"关键帧"。例如，遗忘门决定哪些信息是不再重要的，应该从细胞状态中移除；输入门则决定哪些新的信息是重要的，并应该被添加到细胞状态中。

5.3.2 内容概括与理解后续信息

人们在阅读过程中会"自动"概括所阅读内容的要点，并使用这些概括来理解接下来的内容。LSTM 通过其细胞状态来实现类似的功能。这个状态在整个序列的处理过程中传递，其内容在每个时间步骤上都会根据新的输入进行更新。这种机制使得 LSTM 能够"记住"序列中先前的重要信息，并用这些信息来帮助理解和处理后续的输入。

LSTM 通过刻意的设计来避免长期依赖问题，记住长期的信息在实践中是 LSTM 的默认行为，而非需要付出很大代价才能获得的能力。所有 RNN 都具有一种重复神经网络模块的链式的形式。在标准的 RNN 中，这个重复的模块只有一个非常简单的结构，如一个 tanh 层，如图 5-11 所示。

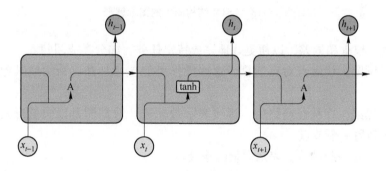

图 5-11 展开的 RNN

A 在 $t-1$ 时刻的输出值 h_{t-1} 被复制到了 t 时刻，与 t 时刻的输入 x_t 整合后经过一个带权重和偏置的 tanh 函数后形成输出，并继续将数据复制到 $t+1$ 时刻。在标准的 RNN 中，每个时间点 t 的输出 h_t 依赖于当前时间点的输入 x_t 和上一时间点 $t-1$ 的输出 h_{t-1}。这些输入合并在一起，通常是通过加权和的形式，然后应用激活函数（如 tanh）来生成当前时间点的输出。输出 h_t 会被传递到下一个时间点，成为 $t+1$ 时刻的一部分输入。

LSTM 同样是这样的结构，但是重复的模块拥有一个不同的结构。不同于单一神经网络层，这里有四个互动组件，以一种非常特殊的方式进行交互，如图 5-12 所示。

5.3.2.1 LSTM 结构

如图 5-13 所示，图中各图例含义如下：

（1）矩阵。代表学习到的神经网络层。在神经网络中，这些层通过训练数

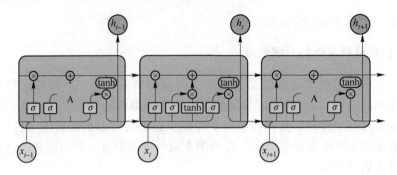

图 5-12　LSTM 中的重复模块包含的四个交互层

图 5-13　LSTM 结构图中的图标解释

据来调整其权重和偏差，以便更好地完成特定任务，如分类或回归。

（2）圆圈。代表点对点运算。这些操作可能包括加法、乘法或其他元素级的函数。

（3）黑线。在神经网络中，黑线表示数据流，数据流是以向量形式从一个节点传输到另一个节点。

（4）合在一起的线。表示向量的连接。

（5）分开的线。表示对一个数据源进行分支传送，这在神经网络中常用于将相同的输入发送到多个不同的处理单元。

LSTM 的关键就是细胞状态，这一状态贯穿整个网络，像一条信息的传送带，确保关键数据在整个处理过程中稳定流动。这种细胞状态通过其线性特性，使得长期信息的保持变得更加高效和稳定，极大减少了传统循环神经网络中常见的长期依赖问题，如图 5-14 所示。

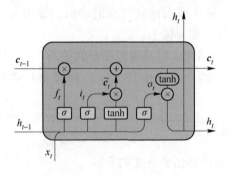

图 5-14　LSTM 细胞状态

5.3.2.2　LSTM 的门结构

LSTM 由通过精心设计的"门"的结构实现对信息流的精细控制，如图 5-15 所示。门是一种让信息选择式通过的方法。它们包含一个 Sigmoid 神经网络层和一个点对点乘法操作。Sigmoid 层输出 0 到 1 之间的数值，描述每个部分有多少量可以通过。0 代表"不许任何量通过"，1 代表"允许任意量通过"。

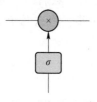

图 5-15　LSTM 的门结构

LSTM 有三个门，来保护和控制细胞状态，分别是遗忘门、输入门和输出门。

A　遗忘门

遗忘门（Forget Gate）决定了从单元状态中丢弃什么信息，如图 5-16 所示。遗忘门通过一个 Sigmoid 层查看 h_{t-1}（前一单元的输出）和 x_t（当前输入），输出一个 0 到 1 之间的数值给每个在细胞状态 c_{t-1} 中的数。这个数值决定了要丢弃多少信息；接近 0 的值表示"丢弃很多"，而接近 1 的值表示"保留这个信息"。

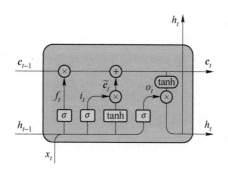

图 5-16　遗忘门

$$f_t = \sigma(\boldsymbol{W}_f \cdot [h_{t-1}, x_t] + b_f) \tag{5-3}$$

式中　f_t——在时间步 t 的遗忘门输出；

σ——Sigmoid 激活函数，它将任何输入转换为 0 到 1 之间的值；

W_{f}——遗忘门的权重矩阵；

$[h_{t-1}, x_t]$——前一隐藏层的输出和当前时间步的输入的拼接；

b_{f}——遗忘门的偏置项。

B　输入门

输入门（Input Gate）的作用是更新细胞状态，如图 5-17 所示。首先，一个 Sigmoid 层决定哪些值我们将要更新，然后一个 tanh 层创建一个新的候选值向量 $\tilde{c}_t$，可以被加入到状态中。在下一步，将这两个信息合并起来，产生一个更新的状态。

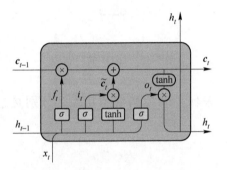

图 5-17　输入门

$$i_t = \sigma\left(W_{\text{i}} \cdot [h_{t-1}, x_t] + b_{\text{i}}\right) \tag{5-4}$$

式中　i_t——在时间步 t 的输入门的 Sigmoid 层输出；

W_{i}——权重矩阵；

b_{i}——偏置项。

创建候选值向量的 tanh 层，这部分用于创建新的候选值：

$$\tilde{c}_t = \tanh\left(W_{\text{c}} \cdot [h_{t-1}, x_t] + b_{\text{c}}\right) \tag{5-5}$$

式中　$\tilde{c}_t$——在时间步 t 的新候选值向量；

W_{c}——权重矩阵；

b_{c}——偏置项。

这两部分结果结合起来，用于更新单元状态，如图 5-18 所示。具体来说，输入门的输出 i_t 和新的候选值向量 $\tilde{c}_t$ 的元素对应相乘，确定了单元状态 c_t 的哪些部分需要更新，如图 5-19 所示。

即：

$$c_t = f_t \times c_{t-1} + i_t \times \tilde{c}_t \tag{5-6}$$

式中 f_t——遗忘门的输出，决定了从旧状态 c_{t-1} 中丢弃多少信息；

i_t——输入门的 Sigmoid 层输出，决定了加入多少新信息；

$\tilde{c}_t$——新的候选值向量；

c_t——更新后的单元状态。

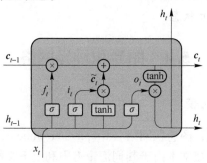

图 5-18 单元状态更新

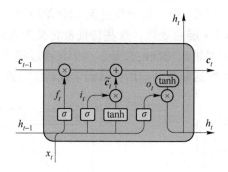

图 5-19 输出门

在这个过程中，输入门确定了多少新信息被加入到单元状态中，而遗忘门则决定了从旧状态中丢弃多少信息。这样的机制使得 LSTM 能够有效地保留长期信息，同时遗忘无关紧要的数据。

C 输出门

输出门（Output Gate）决定输出什么。这个输出将基于单元状态，但会是一个过滤后的版本。首先，运行一个 Sigmoid 层来决定单元状态的哪些部分将被输出，如式（5-7）所示。

$$o_t = \sigma(\boldsymbol{W}_o \cdot [h_{t-1}, x_t] + b_o) \tag{5-7}$$

式中 o_t——在时间步 t 的输出门的 Sigmoid 层输出；

$\boldsymbol{W}_o$——权重矩阵；

b_o——偏置项。

然后，再把单元状态通过 tanh（得到一个 –1 到 1 之间的值）乘以 Sigmoid 门的输出，得到最终输出，如式（5-8）所示。

$$h_t = o_t \times \tanh(c_t) \tag{5-8}$$

式中 h_t——时间步 t 的最终输出；

  c_t——当前的单元状态。

5.4   图卷积神经网络

5.4.1   GCN 与 CNN 比较

在短文本处理领域，图卷积网络（Graph Convolutional Networks，GCN）[79] 的应用正逐渐受到关注。短文本由于其词汇量有限和上下文缺乏，传统的文本处理方法（如基于词袋的模型）往往难以捕捉其深层次的语义信息。而 GCN 能够有效地利用文本中词语之间的关系，改善短文本处理的性能。

如图 5-20 所示，在 GCN 中，每个节点 X_i 的初始特征向量是 C 维的，其中 C 是特征的数量。通过 GCN 层的处理，这些特征被转换为新的特征向量 $\mathbf{Z}_i$，每个向量是 F 维的，其中 F 是输出特征的数量。这个转换过程涉及权重矩阵和邻接矩阵的乘积，以及非线性激活函数的应用，从而实现特征的聚合和更新。

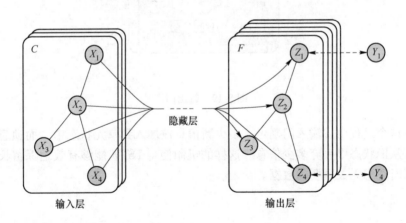

图 5-20   图卷积神经网络

GCN 和 CNN 在概念上有很多相似之处，特别是它们都利用邻近结构的信息进行特征提取和加权求和。这两种网络的相似性和差异对比如下所述。

5.4.1.1   相似性：邻域加权求和

在 CNN 中，卷积操作涉及对一个像素及其周围邻居像素的加权求和，这是通过滤波器（或卷积核）实现的。每个滤波器都是一个小的权重矩阵，用于提取局部特征（如边缘、纹理等）。

在 GCN 中，类似地，每个节点的特征更新也是通过对其邻居节点特征的加权求和来实现的。这些权重通常是基于图结构（例如，节点之间的连接强度或距离）。

5.4.1.2 差异：数据结构和卷积方式

CNN 主要用于规则数据，如图像，其中像素排列成规则的网格状结构。因此，卷积核可以在整个图像上以相同的方式移动和应用。

相比之下，GCN 处理的是非规则数据，即图结构。图中的节点可能有不同数量的邻居，且它们之间的连接模式也各不相同。因此，GCN 必须能够处理这种不规则性，并且其"卷积"操作需要适应各种不同的局部结构。

综上分析，两者的核心思想都是利用局部邻域信息，并且通过权重共享来减少模型的参数数量，这有助于提高学习效率和泛化能力。

5.4.2 GCN 具体工作原理

5.4.2.1 图的表示

在 GCN 中，输入通常是一个无向图 $G = (V, E)$，其中 V 是节点集合，E 是边集合。每个节点 v 都有一个特征向量 X_v。整个图可以通过节点特征矩阵 $X^{N \times C}$，（其中 N 是节点数，C 是特征数）和邻接矩阵 A 来表示。

5.4.2.2 邻接矩阵和度矩阵

邻接矩阵 A 表示图中节点之间的连接关系。对于无向图，这是一个对称矩阵。度矩阵 D 是一个对角矩阵，其中每个对角线元素 D_{ii} 表示节点 i 的度（即连接到节点 i 的边数）。

5.4.2.3 归一化

在应用 GCN 之前，通常需要对邻接矩阵进行归一化处理。最常见的方法是使用度矩阵的逆平方根进行归一化：$\hat{A} = D^{-\frac{1}{2}} A D^{-\frac{1}{2}}$。这有助于控制不同节点的度对特征更新的影响。

5.4.2.4 图卷积操作

在 GCN 中，图卷积操作可以表示为：

$$H^{(l+1)} = \sigma(\hat{A} H^{(l)} W^{(l)}) \tag{5-9}$$

式中　$\boldsymbol{H}^{(l)}$——第 l 层的节点特征矩阵（对于第一层，$\boldsymbol{H}^{(0)} = \boldsymbol{X}$）；

　　　$\boldsymbol{W}^{(l)}$——第 l 层的权重矩阵；

　　　σ——非线性激活函数，如 ReLU。

这个操作的本质是：每个节点的新特征是其自身特征和邻居特征的加权和，这些权重通过训练学习得到。

5.4.2.5　层堆叠

与 CNN 类似，可以在 GCN 中堆叠多个卷积层来提取更高层次的特征。每一层都将学习到的节点特征进行转换，并传递给下一层。

5.4.2.6　输出

最后一层的输出取决于任务类型。对于节点分类任务，输出层通常是一个 Softmax 层，用于将节点特征映射到类别概率上。

通过这种方式，GCN 能够有效地利用图的结构信息和节点特征来学习每个节点的高级表示，适用于诸如节点分类、图分类等任务。

5.5　Transformer 与 BERT 模型

5.5.1　Transformer 模型

5.5.1.1　Transformer 模型的背景和起源

Transformer 是一种深度学习模型架构，最早由 Google 在 2017 年提出。该模型的主要目标是解决自然语言处理任务中的序列到序列问题，如机器翻译和文本生成。Transformer 模型不依赖于循环神经网络或卷积神经网络，而是使用了自注意力机制（Self-Attention）。这种注意力机制允许模型在处理输入序列时同时关注不同位置的信息，从而更好地捕捉上下文关系。这一创新使得 Transformer 模型在 NLP 领域取得了巨大的成功。

Transformer 模型的起源和发展归功于深度学习研究领域的众多科学家和工程师，特别是 Google 的研究团队。Transformer 模型的提出标志着深度学习在 NLP 领域的一个重要里程碑，它在各种 NLP 任务中取得了卓越的性能，包括机器翻译、文本生成、问答系统等。

5.5.1.2　自注意力机制

自注意力机制是 Transformer 模型的核心概念之一，旨在解决序列数据的处理问题。其核心思想是在同一输入序列内建立关联，以便模型可以更好地理解序列的内部结构和上下文关系。在自注意力机制结构中，每个序列位置都与三个向量相关：

（1）Q（查询）。Query 向量用于指定要关注的位置或元素。它允许模型提出关于其他位置的问题。

（2）K（键）。Key 向量用于表示序列中的各个位置或元素。它承担了存储位置信息的角色，以便与查询进行比较。

（3）V（值）。Value 向量包含了与每个位置相关的信息。它是在自注意力机制中实际用于计算的内容。

自注意力机制的执行过程如图 5-21 所示，通过接收一个输入序列 X，通常是包含单词的表示向量，可以是文本的一部分或上一个 Encoder block 的输出。通过对输入序列进行线性变换，得到 Q、K 和 V 三个向量，线性变换过程如下：

$$Q = XW^Q \tag{5-10}$$

$$K = XW^K \tag{5-11}$$

$$V = XW^V \tag{5-12}$$

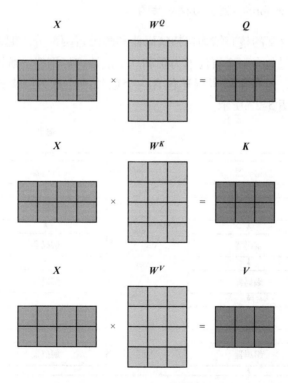

图 5-21 自注意力机制的执行过程

其中 W^Q、W^K 和 W^V 是权重矩阵，它们是需要在训练过程中学习的参数。然

后计算 $\boldsymbol{Q}$ 和 $\boldsymbol{K}$ 的点积得到注意力权重，计算公式如下：

$$\text{Attention}(\boldsymbol{Q},\boldsymbol{K},\boldsymbol{V}) = \text{Softmax}\left(\frac{\boldsymbol{Q}\boldsymbol{K}^{\text{T}}}{\sqrt{d_K}}\right)\boldsymbol{V} \tag{5-13}$$

式中　d_K——$\boldsymbol{K}$ 向量的维度。

这一过程是为了测量每个元素（作为查询）与序列中其他每个元素（作为键）的相似度。这个点积得分随后被缩放，具体是除以键向量维度的平方根，这样做是为了防止得分过大导致梯度消失或爆炸。接下来，我们对这些缩放后的点积得分应用 Softmax 函数，这样每一行的得分都会被转换成概率分布，即注意力权重。这些注意力权重表明了在构造每个元素的新表示时，序列中其他元素的重要性。最后，我们使用这些注意力权重对 $\boldsymbol{V}$（值）向量进行加权求和，从而为每个元素生成一个新的向量表示。这个表示不仅包含了元素自身的信息，还融合了整个序列中其他元素的信息，使模型能够更好地理解和处理序列数据的上下文关系。

5.5.1.3　Transformer 模型的核心结构

Transformer 模型的核心结构包括编码器和解码器两部分。编码器由多个编码层堆叠而成，每层包含一个自注意力层和一个前馈神经网络。解码器同样由多个解码层堆叠而成，但每个解码层还包含一个额外的注意力层来关注编码器的输出。整体结构如图 5-22 所示。

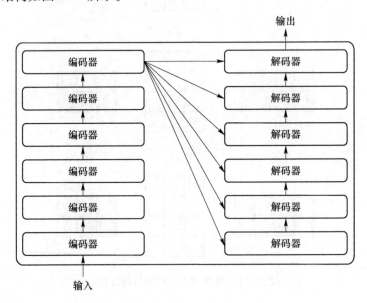

图 5-22　Transformer 模型的核心结构

A　编码器（Encoder）

编码器扮演着至关重要的角色。它主要负责处理输入序列，并将其转换为一种高维空间表示，这种表示捕获了序列中各个元素之间的复杂关系。编码器的每一层都包含几个关键组件，它们共同工作来处理和转换输入数据。以下是编码器的主要组成部分。

a　多头自注意力（Multi-Head Self-Attention）

多头自注意力是 Transformer 模型中的一个关键特性，它扩展了传统自注意力机制的能力。在多头自注意力中，注意力机制被分割成多个"头"，每个头分别学习输入序列的不同方面。下面是多头自注意力的主要步骤和特点：

（1）分割为多个头。在多头自注意力中，原始的查询（Q）、键（K）和值（V）矩阵被分割成多个较小的矩阵，每个矩阵对应一个注意力"头"。

（2）独立计算注意力。每个头独立地执行自注意力操作，这意味着它们各自计算查询和键的点积、应用缩放、进行 Softmax 操作，最后利用这些权重对值进行加权求和。

由于每个头学习的是不同的表示子空间，这使得模型能够同时关注输入序列的不同方面。

（3）拼接和线性变换。所有头的输出被拼接在一起，形成一个与原始 d_{model} 维相同大小的长向量。最后，这个长向量通过一个线性层，以便将多头注意力的输出转换为合适的格式，以供下游任务使用。

多头自注意力的优势在于它能够让模型在处理一个序列时同时关注多种不同的表示和特征，从而捕获更丰富的信息。例如，在处理文本时，一个头可能专注于语法结构，另一个头可能专注于词汇含义，而第三个头可能专注于句子的情感。

b　前馈神经网络

在 Transformer 模型中，每个编码器和解码器层都包含一个前馈神经网络。这个网络是独立于序列中各个位置的，即它对序列中的每个位置单独处理，而不共享这些位置间的信息。

前馈神经网络通常由三层组成：

（1）线性层 1（扩展）。这个线性层将输入的维度从模型维度（如 512）扩展到一个更大的维度（如 2048）。这个扩展允许网络在更高维度的空间里学习输入数据的复杂表示。

（2）激活函数。这通常是一个非线性激活函数，比如 ReLU 或高斯误差线性单元（Gaussian Error Linear Unit，GELU）。激活函数的引入是为了增加网络的非线性，这样网络可以学习更复杂的模式。

（3）线性层 2（缩减）。另一个线性层将维度从扩展后的维度（2048）缩减回模型的原始维度（512）。这样做是为了使网络的输出可以被送入下一个编码器层或解码器层，或者在最后一个解码器层的情况下，用于产生最终输出。

前馈神经网络对序列中的每个元素独立处理，意味着它并不考虑元素间的顺序或关联。这种独立性使得它可以并行处理，提高了计算效率。另外，前馈神经网络引入了非线性机制。虽然 Transformer 的自注意力机制非常强大，但它本身是线性的。前馈神经网络的非线性激活函数使得模型能够捕捉到更复杂的关系。同时，前馈神经网络增加模型容量，通过扩展和缩减维度，使得模型能够学习更丰富的数据表示。

在 Transformer 中，前馈神经网络与自注意力机制是并行存在的。自注意力机制负责捕捉序列中不同位置之间的依赖关系，而前馈神经网络则独立于每个位置处理信息。这两种机制的结合使得 Transformer 能够同时理解序列内部的复杂动态和全局上下文。

c　残差连接和层归一化

残差连接（**Residual Connection**）

在 Transformer 模型中，残差连接是一种关键的结构特征，用于增强网络的训练效果和性能。残差连接的核心思想是直接将子层（如自注意力层或前馈神经网络层）的输入添加到其输出上。这种方法允许信息跨越网络中的多个层直接传递，而不仅仅是通过连续的层级传播。

具体来说，在每个子层的操作后，其输出不是直接传递到下一层，而是先与输入进行逐元素的相加，形成一个新的输出。数学上，如果子层的操作表示为函数 $F(x)$，其中 x 是输入，那么经过残差连接后的输出就是 $x + F(x)$。

这种设计的主要优点是它有助于缓解深度神经网络中常见的梯度消失问题。在深层网络中，梯度必须通过多个层反向传播，过程中可能会变得非常小，导致难以训练。残差连接通过提供一条直接的路径，允许梯度直接流向前面的层，从而使得即使是非常深的网络也能有效地训练。

此外，残差连接还能帮助网络学习恒等映射，这意味着如果某个子层对于提高模型性能没有帮助，网络可以通过学习将该子层的权重设置为 0，从而使该层的输出等于输入。这种灵活性使得 Transformer 模型更加强大和稳定。

层归一化是 Transformer 模型中不可或缺的一个组成部分，主要用于稳定深度网络的训练过程。在深度学习中，由于不同层的输入可能具有不同的分布，这可能导致训练过程中的不稳定性，特别是在深层网络中。层归一化通过规范化每一层的输出来解决这一问题，从而有助于改善训练的效果和速度。

层归一化（Layer Normalization）

在 Transformer 中，层归一化通常在每个子层（如自注意力和前馈神经网络层）的输出以及残差连接之后进行。具体操作是，首先计算残差连接后输出的均值和标准差，然后使用这些统计数据来归一化每个元素。数学上，如果 y 是残差连接的输出，那么归一化后的输出将是 $(y-\mu)/\sigma$，其中 μ 和 σ 分别是 y 的均值和标准差。

层归一化的主要优点是提供了数值稳定性。通过确保每层的输出有相似的分布，它减少了训练过程中梯度更新的波动性，从而使得学习过程更加平稳。这对于优化深度网络至关重要，因为它有助于避免由于梯度爆炸或消失导致的训练难题。

另一个重要的方面是，层归一化在整个训练过程中都保持了一致的方式。这与批量归一化（Batch Normalization）不同，后者依赖于每个批次的数据，可能会在小批次数据上表现不佳。层归一化的这一特性使其特别适用于对小批次大小敏感或需要稳定训练行为的模型，如 Transformer。

B　解码器（Decoder）

a　多头自注意力

解码器的第一个子层是多头自注意力。与编码器中的自注意力机制相似，它也是多头的，但有一个关键区别：掩蔽。这种掩蔽机制确保在预测一个特定位置的词时，只能访问到该位置之前的词。这是为了防止模型在生成序列时"看到"未来的信息。

b　编码器-解码器注意力（Encoder-Decoder Attention）

这是解码器特有的子层。在这里，解码器的输出被用作查询（Q），而编码器的输出被用作键（K）和值（V）。通过这种方式，解码器可以关注编码器处理的输入序列中的相关部分，这对于任务如机器翻译至关重要。

c　前馈神经网络

每个解码器层中的最后一个子层是一个前馈神经网络，与编码器中的前馈神经网络相同。它对每个位置独立地应用，并且对所有位置使用相同的网络。

5.5.1.4　位置编码（Positional Encoding）

在 Transformer 模型中，由于自注意力机制的引入，模型能够处理序列中的元素而不考虑它们的位置关系。换句话说，自注意力机制是"位置不变的"。这意味着如果不提供位置信息，模型将无法区分输入序列中词汇的顺序。为了解决这个问题，Transformer 模型引入了位置编码。

位置编码是通过将每个位置的编码添加到其对应词汇的嵌入向量中来实现

的。Transformer 使用一种特定的数学方法来生成这些位置编码：

对于序列中的每个位置 pos 和每个维度 i，位置编码 PE(pos, i) 计算如下：

如果维度 i 是偶数（即 $i = 2k$ 对于某个整数 k）：

$$PE(pos, 2k) = \sin \frac{pos}{10000^{2k/d_{model}}} \tag{5-14}$$

如果维度 i 是奇数（即 $i = 2k + 1$ 对于某个整数 k）：

$$PE(pos, 2k+1) = \cos \frac{pos}{10000^{2k/d_{model}}} \tag{5-15}$$

式中   pos——词汇在序列中的位置；

　　　　i——维度索引；

　　d_{model}——模型中词嵌入的维度。

式（5-14）和式（5-15）的关键在于使用不同频率的正弦和余弦波来编码不同位置的信息。频率随着维度的增加而逐渐降低。这种方法使得模型能够区分不同位置，并帮助模型捕获到序列中词之间的相对位置关系。

在原始的 Transformer 模型中，位置编码是预先计算好的并且在训练过程中保持不变。这种设计虽然简单高效，但它可能不适用于所有类型的任务。为了提高灵活性和适应性，Transformer 的一些变体引入了可学习的位置编码。在这种设计中，位置编码成为模型训练过程中的可调参数，允许模型自适应地调整这些编码以更好地适应特定任务。这种可学习的位置编码在处理一些复杂任务时可能更为有效，尤其是在处理特定领域的文本或者非标准的语言结构时。通过在训练过程中优化位置编码，模型可以更准确地捕捉到序列的特性，从而提高特定任务的处理性能。

5.5.1.5 Transformer 模型的训练和微调

Transformer 模型的训练是一个涉及多个步骤的过程，首先从大量数据的准备开始，这些数据需要针对特定的任务，如机器翻译或文本生成，并经过预处理，如文本清洗和分词。在设置模型的超参数，如层数、模型维度、头的数量等之后，选择适当的损失函数和优化器（通常是 Adam）进行模型训练。在此过程中，还需要使用诸如 Dropout 等正则化技术来防止过拟合。训练涉及将数据分批喂入模型，并不断调整内部参数以最小化损失函数。微调是在此基础上，针对特定任务对预训练的 Transformer 模型进行调整的过程。它通常从一个在大规模数据集上预训练的模型开始，如 BERT 或 GPT，然后根据特定任务调整模型，如更改输出层。在微调过程中，使用特定任务的数据集进行训练，并且通常采用比原始训练更低的学习率，以优化模型性能。整个过程需要不断地在验证集上评估模型的表现，并根据需要进行调整，以确保最终模型能够有效地适应特定任务的需求。通过模型的训练和微调，Transformer 模型能够适应各种不同的语言处理任务，展现出其强大的性能和灵活性。

5.5.2　BERT 模型

基于 Transformer 的架构，Google 于 2018 年推出了 BERT。BERT 的关键创新在于它能够双向地处理文本，这意味着模型在处理每个词时，都能同时考虑到它前后的上下文。这种双向理解的能力，使 BERT 在理解语言的复杂性和细微差别方面具有显著的优势。

5.5.2.1　BERT 模型的核心结构

A　BERT 模型输入

BERT 模型首先使用 WordPiece 将输入的数据划分为一组有限的公共子词单元（token），并在文本开始位置插入［CLS］符号，而该符号对应的输出向量则作为整篇文本的语义表示。除了增加［CLS］特殊符号外，在语句的后面和中间部位还增加了［SEP］标志作为分割，用于区分两个不同的文本向量。表面上 BERT 的输入为每一个 token 对应的表征，但实际上是由三种不同的嵌入求和而成，除了以上的词条嵌入（Token Embeddings）外，还包含了片段嵌入（Segment Embeddings）以及位置嵌入（Position Embeddings），如图 5-23 所示。其中片段嵌入是用于区分一个 token 属于句子对中的哪个句子；位置嵌入是由于 Transformer 无法编码输入序列的顺序性，因此要在各个位置上学习一个向量表示来将序列顺序的信息编码进来，给模型提供词之间的相对位置，提高了文本表征中信息的完整性。

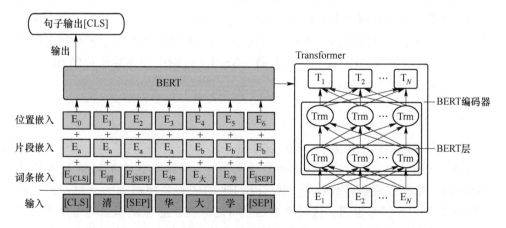

图 5-23　BERT 模型输入

B　BERT 模型核心

BERT 模型的核心是多头自注意力机制。这种机制允许模型在处理一个词时，能够同时考虑到整个文本序列中的所有其他词，从而捕捉词与词之间的复杂关系。例如，它可以帮助模型理解句子中的多义词，或者捕捉长距离的语法和语义依赖。每个 Transformer 编码器层中的多头自注意力机制通过并行处理，可以在多个不同的子空间中学习信息，这增强了模型的理解能力。BERT 模型中的每个编码器层还包括一个前馈神经网络。这个网络对序列中的每个位置进行单独的、独立的处理。这意味着，尽管每个位置的词都会受到整个序列的影响，但在处理时，每个词都会通过一个独立的网络层进行处理。这有助于模型捕捉到文本中更细粒度的特征。为了确保模型在处理长序列时的稳定性和效率，BERT 在每个子层的输出周围使用了残差连接，并接一个层归一化步骤。残差连接有助于解决深层网络训练中的梯度消失问题，而层归一化则帮助稳定训练过程。最后，由于 Transformer 本身不具备捕捉序列顺序的能力，BERT 通过添加位置编码来提供序列中每个词的位置信息。位置编码是与词嵌入相加的，这样模型就能够根据词的位置理解文本的顺序。这对于处理像问答系统这样的任务至关重要，因为这些任务需要对文本中的每个元素的位置关系有深入的理解。

BERT 通过结合多头自注意力机制、前馈神经网络、残差连接、层归一化和位置编码，为自然语言处理提供了一个强大且灵活的工具，如图 5-24 所示。这些特性使得 BERT 能够在文本分类、问答系统、情感分析等多种 NLP 任务中表现出色。

5.5.2.2　BERT 预训练过程

BERT 模型的预训练过程是该模型能够成功应用于各种自然语言处理任务的关键。预训练目的是通过在大量文本数据上进行预训练，BERT 学习了丰富的语言表示，这些表示可以被用于各种下游任务。BERT 模型的两个主要预训练任务是掩码语言模型（MLM）和下一句预测（NSP）。这两个任务共同帮助 BERT 学习理解语言的深层次结构和含义。

A　掩码语言模型

掩码语言模型训练任务中，输入文本的一部分单词被随机替换为一个特殊的［MASK］标记。例如，在句子"我爱读书"中，"读"这个词可能被替换成［MASK］，变成"我爱［MASK］书"。BERT 的任务是根据上下文来预测这些［MASK］标记处的原始词。这种方法的独特之处在于它迫使模型学习使用周围的词语来推断缺失的单词，从而深入理解语言的上下文含义。为了增强模型的预

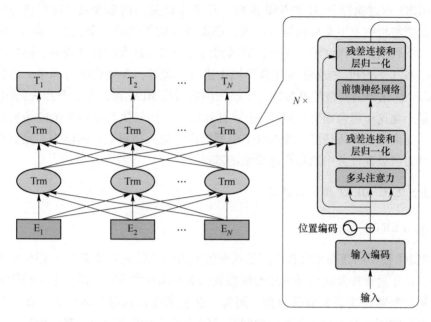

图 5-24 BERT 模型核心结构

测能力,不是所有选中的单词都直接替换为[MASK]。在 15% 的随机选取的单词中,80% 会被替换为[MASK],10% 被替换为一个随机单词,而剩下的 10% 保持不变。这样做是为了防止模型仅仅依赖于[MASK]标记,从而更好地理解整个句子的语境。

B 下一句预测

下一句预测是 BERT 的另一个关键预训练任务,主要用于训练模型理解句子间的逻辑关系。在这个任务中,模型被给予两个句子,并需要判断第二个句子是否是第一个句子的逻辑后续。例如,给定两个句子"A:我今天去了图书馆"和"B:我借了一本书",模型需要判断句子 B 是否逻辑上紧随句子 A。在训练数据中,约 50% 的情况,句子 B 确实是句子 A 的后续;而另外 50%,句子 B 是从语料库中随机选择的,与句子 A 无直接关联。这个任务对于训练模型理解句子间的关系至关重要,尤其是在那些涉及理解段落或对话结构的复杂自然语言处理任务中。

BERT 模型的预训练是一个涉及复杂计算和大量数据的过程。为了使模型能够学习丰富的语言知识,BERT 通常使用大型和广泛的文本数据集进行预训练,其中最著名的是维基百科和 BooksCorpus。这些数据集包含了从日常用语到专业术语的广泛主题和风格,为模型提供了深入理解语言的必要环境。在预训练阶段，BERT 通过执行 MLM 和 NSP 这两个任务来调整其内部参数。这些任务使模型不仅能够根据上下文预测掩码单词，还能理解句子间的复杂关系。由于 BERT 是一个参数众多的深度学习模型，其预训练过程需要巨大的计算资源，通常在配备多个 GPU 或 TPU 的高性能计算环境中进行。此外，在预训练过程中，通常采用 Adam 优化器来调整模型参数，而损失函数则是 MLM 和 NSP 任务损失的组合。通过最小化这个组合损失，BERT 能够有效地学习如何执行这些复杂的语言理解任务。这两个预训练任务，为 BERT 模型提供了深入理解语言的能力，是其在各种自然语言处理任务中取得卓越成绩的基础。

5.5.2.3　BERT 微调和应用

A　BERT 模型微调

BERT 模型的微调是将其广泛的预训练能力特化以适应特定 NLP 任务的关键步骤。这个过程涉及在已经通过大规模数据集预训练的 BERT 模型上进行附加训练，使其能够处理诸如情感分析、问答、命名实体识别等具体任务。在微调阶段，模型的所有层，包括预训练期间学习到的深层次语言表示，都会根据特定任务的数据进行调整。通常，这涉及在 BERT 的基础架构上增加一个或多个任务特定的层，如一个用于分类的输出层。与预训练不同，微调使用的是相对较小的、专门针对特定任务的数据集，这意味着训练时间远比预训练阶段短。通过微调，BERT 能够从通用的语言理解能力转变为对特定任务的具体要求和特点的理解，从而在多种复杂的自然语言处理任务中展现出色的性能。然而，微调也面临着一些挑战，如过拟合的风险，特别是当可用于特定任务的数据量相对较小时。此外，微调的效果在很大程度上依赖于特定任务数据的质量和数量。因此，选择适当的微调数据集和调整模型参数至关重要。

B　BERT 模型应用

a　文本分类

文本分类是 BERT 模型的一种常见应用，涉及将文本数据自动分类到预定义的类别中。例如，在情感分析中，模型被用来区分正面和负面评论；在新闻分类中，模型则用于将文章分配到正确的新闻类别。BERT 在这类任务中的效果非常出色，主要归功于其在预训练阶段学习到的深层次语言理解能力。通过微调，BERT 可以根据上下文准确理解文本的含义，并进行有效分类。实际操作中，通常在 BERT 模型的顶层增加一个分类层，然后使用特定任务的数据集进行训练，以此来调整模型的参数。这种方法的成功之处在于 BERT 对文本的细微语义差别有着深刻的理解，使其能够在各种文本分类任务中展现出色的性能。

　　b　命名实体识别

　　命名实体识别是 BERT 模型的另一个重要应用领域。NER 旨在从文本中识别和分类特定的实体，如人名、地点、组织名称等。BERT 的上下文感知能力使其非常适合此类任务。在 NER 中，BERT 可以准确地识别文本中的实体，并将其分类为适当的类别。微调过程涉及使用带有实体标签的特定数据集来训练 BERT，模型被调整为能够识别并分类各种实体类型。在实际应用中，BERT 的强大能力体现在对文本中隐含的、复杂的实体关系的理解上，这对于提取有价值的信息非常关键。

　　c　问答系统

　　BERT 在问答系统中的应用是其最引人注目的用途之一。问答系统的目标是针对用户提出的问题提供准确的答案。这通常要求模型理解问题的上下文，并能够从提供的文本中提取答案。BERT 模型可以被微调以精确地理解问题的语义，并在提供的文本中找到答案的确切位置。这种能力主要来自其在预训练阶段对大量文本进行深入学习的结果。在实际操作中，BERT 通常被训练为预测答案在文本中的开始和结束位置，这种方法在多轮问答和复杂问题解析中尤为有效。BERT 的这种应用不仅改善了用户体验，也大大提高了信息检索的效率和准确性。

5.5.2.4　BERT 的成功和影响

　　自 Google 在 2018 年推出 BERT 以来，它成为 NLP 领域的一项重大创新和里程碑。BERT 的核心创新在于其深度双向训练方法，这种方法允许模型同时考虑单词前后的上下文，从而实现对语言的更全面和深入理解。与传统的单向语言模型相比，BERT 的这一特性使其能够更准确地理解和预测文本中的单词和语句。此外，BERT 是基于 Transformer 架构构建的，这一架构在处理长距离依赖关系方面表现出色，并且更适合并行计算，从而提高了训练效率。

　　在各种 NLP 基准测试中，BERT 展现出了突破性的性能，尤其是在 GLUE 和 SQuAD 等测试中。它在诸如文本分类、问答系统、文本摘要等任务上的表现远超以往模型。BERT 的预训练和微调方法进一步推动了其成功，通过在大规模文本上进行预训练，BERT 学习了丰富的语言表示，然后可以通过在特定任务上进行微调来快速适应不同的应用场景。

　　BERT 的成功不仅体现在学术界，它也在商业应用中产生了重大影响。最引人注目的是，Google 将 BERT 应用于其搜索引擎，大幅提高了对用户查询意图的理解能力。此外，BERT 及其变种被广泛集成到各类自然语言理解服务中，使开发人员能够构建出更加精准、理解语言细微差别的应用程序。

　　在学术和研究领域，BERT 的出现催生了对预训练语言模型的深入研究，激发了包括心理学、语言学、计算社会科学在内的跨学科合作。BERT 及其衍生模型的出现也促进了科技巨头之间的竞争，推动了微软、Facebook、Amazon 等公司开发自己的预训练语言模型。

总而言之，BERT 不仅在技术上取得了重大突破，而且对整个 NLP 领域产生了深远的影响。它的出现标志着 NLP 进入了一个新时代，这个时代的特点是深层次的语言理解和广泛的实际应用。BERT 的发展继续推动着自然语言处理技术的边界，展现了这一领域未来更多令人激动的可能性。

5.5.2.5　BERT 最新研究和发展

A　RoBERTa

RoBERTa（Robustly Optimized BERT Approach）是由 Facebook AI 于 2019 年推出的一种深度学习模型，作为 BERT 模型的改进版本，它在 NLP 领域引起了广泛关注。RoBERTa 继承了 BERT 的基本架构，即基于 Transformer 的深度双向编码器，但引入了若干关键的优化和调整，这些改进显著提高了模型在多个 NLP 任务上的性能。

首先，RoBERTa 在训练数据量和训练时间上都超越了 BERT。它使用了比 BERT 更大的数据集，包括更广泛的文本类型和更多的文本数据。此外，RoBERTa 的训练时间远远超过 BERT，这使得模型能够更深入地学习和理解语言的复杂性和细微差别。这种扩展的训练策略使得 RoBERTa 能够捕获更丰富的语言表示，从而在理解复杂文本方面具有更大的优势。其次，RoBERTa 在预训练过程中放弃了 BERT 的 NSP 任务。研究发现，NSP 对于模型的整体性能并不总是有益，有时甚至可能产生负面影响。因此，RoBERTa 的预训练仅依赖于更加强化的 MLM 任务，这种单一任务的聚焦使得模型在训练过程中更加专注于语言的深层次理解。RoBERTa 还引入了动态掩码生成的机制。不同于 BERT 在预训练开始时就固定掩码单词，RoBERTa 在每个训练周期（Epoch）中动态地改变掩码单词。这种方法避免了模型仅对特定掩码位置的过度拟合，从而促使模型更全面地学习和理解整个训练语料。此外，RoBERTa 在模型训练中使用了更大的批处理大小和更多的注意力头，这些调整有助于模型捕获更精细的语言特征。更大的批处理允许模型在单次训练过程中处理更多的数据，而更多的注意力头则提高了模型捕获不同类型语言模式的能力。

在性能方面，RoBERTa 在多个 NLP 基准测试中刷新了记录。它在文本分类、情感分析、文本理解等多个任务上展现出了卓越的性能。这些成就证明了 RoBERTa 在理解和处理复杂语言任务方面的强大能力。

RoBERTa 的出现不仅进一步推动了 NLP 技术的发展，也为相关领域的研究和应用提供了新的可能性。它在复杂的问答系统、高级的文本分类任务等方面表现出强大的应用潜力。此外，RoBERTa 的成功也激发了更多关于预训练语言模型优化方法的研究，推动了整个 NLP 领域向更高水平的发展。

总的来说，RoBERTa 作为 BERT 的改进版本，不仅在技术层面上取得了显著的进步，也在实际应用中展现出了巨大的潜力。它的成功进一步证明了深度学习和大规模预训练在自然语言处理领域的重要性，并且预示着这个领域未来更多令人激动的可能性。

B DistilBERT

DistilBERT 是一种由 Hugging Face 团队开发的精简版 BERT 模型，旨在提供与 BERT 类似的性能，同时显著减少模型的大小和计算需求[80]。这一模型的出现标志着 NLP 领域向更高效和可访问的技术发展。DistilBERT 是在 BERT 的基础上通过一种称为"知识蒸馏"的技术进行优化的。知识蒸馏是一种模型压缩技术，其中一个大型、复杂的模型（如 BERT）用于指导一个小型模型（如 DistilBERT）的训练过程，从而将"知识"从大模型转移到小模型。

在 DistilBERT 中，模型的大小减少到原始 BERT 的一半左右。这是通过去除 BERT 中的一些 Transformer 层实现的，从而大幅减少了模型的参数数量。这种减小模型规模的做法显著降低了模型的存储需求和计算资源消耗。尽管模型规模缩小，但 DistilBERT 仍然能够保持与原始 BERT 相近的性能水平，这得益于知识蒸馏过程中的有效信息传递。

DistilBERT 的训练速度远远快于原始的 BERT 模型。这一特点对于需要快速开发和部署模型的场景尤为重要。例如，在移动设备或边缘计算设备上部署 NLP 模型时，DistilBERT 的高效性使其成为一个理想选择。此外，由于其较小的尺寸，DistilBERT 也更适合用于实时应用，如在线客户服务机器人或实时语言翻译系统，这些应用对延迟和响应时间有严格的要求。

DistilBERT 在各种 NLP 任务中的应用也展现了其广泛的适用性。无论是文本分类、情感分析，还是问答系统，DistilBERT 都能提供高质量的结果。它特别适合于资源受限的环境，如移动设备或具有计算限制的系统，在这些场景中，大型模型如原始的 BERT 可能难以有效运行。

总的来说，DistilBERT 代表了 NLP 领域的一个重要发展方向，即在保持模型性能的同时减少计算资源的消耗。这一发展不仅使得先进的 NLP 技术更加可访问，也为在资源受限的环境中部署复杂的 NLP 模型提供了可能。尽管 DistilBERT 在某些极端情况下可能无法完全匹敌原始的 BERT 模型，但在大多数实际应用中，它提供了一个高效且可行的解决方案。

6 应用案例与未来展望

6.1 基于增量聚类的电子政务短文本信息挖掘算法

电子政务平台服务于政府机关及企事业单位，是国家信息化的基础政务平台。随着电子政务的飞速发展，其承载的管理与服务功能日趋庞杂，这对电子政务安全提出更高的挑战。电子政务平台安全不仅包括安全的技术和管理这些显性风险。同时，随着以政府网站为代表的电子政务系统的政民互动、官方微博等功能的开通，信息、数据包含的深层、隐性的安全也越来越被重视[81]。政民互动、官方微博通常反映民众关心的热点问题，尤其是一些热点事件出现后所引发的大讨论。如何从这些海量、丰富的信息资源中快速发现民众关心的热点问题、全方位多角度地掌握民意，为党和政府做出决策提供重要依据是至关重要的[82]。

政民互动、官方微博的数据多以短文本为主，短文本不仅具有更宽松的自由度，而且涵盖丰富的信息。随着数据挖掘技术的不断发展，电子政务平台已经逐渐将其应用于短文本数据处理[83]。如数据聚类技术，它是一种无监督的数据分类方法。通过聚类，发现文本中潜在的热点问题，为政府决策提供有价值的数据依据。聚类技术通过分析数据间特征相似性，将特征相近的数据划分为一类。由于文本数据特征不明显，传统的处理方法很难判断数据之间相似性[84]。针对这一问题，目前的主要方法就是将文本数据映射到低维向量空间，通过该向量描述文本特征。针对目前单一文本特征表示模型存在的问题，本章提出一种融合权重及主题特征的混合向量模型。该模型基于短文本的局部和全局特征，对短文本进行向量化表示，然后利用改进的 Single-Pass 聚类算法对短文本进行聚类。最后通过多组实验与传统方法进行对比以验证所提模型在短文本主题发现中的有效性。

6.1.1 BTM 主题模型

主题模型是一种自动组织、搜索和理解大量文档的无监督学习算法，这类模型可以发现共同跨越大量文档的主题。LDA 主题模型通过计算词项在文档中的重要程度来建立模型。当分析民众热点问题时，由于微博文本较短，很难判断词项的重要性，这就导致数据稀疏问题。针对这一缺陷，BTM 词对主题模型对整个数据语料库进行建模学习[85]，从语料库中获取共同出现的一对无序词进行建模，该方法避免了主题建模时出现的短文本数据稀疏问题。

BTM 主题模型结构如图 6-1 所示，其中 α、β 是 Dirichlet 先验参数，θ 矩阵表示文档-主题的概率分布，k 代表主题数。θ 矩阵的每一行表示每个文档在各个主题下的概率分布，如 $\theta_i = (z_{i1}, z_{i2}, \cdots, z_{ik})$ 为文档 D_i 的主题向量。φ 矩阵是主题-词的概率分布，φ 矩阵的每一列表示每一个分词在各个主题下的概率分布，如 $\varphi_i = (z_{1i}, z_{2i}, \cdots, z_{ki})$ 为词表中分词 w_i 的主题向量。语料库中包含 $|B|$ 个词对，$b = (w_i, w_j)$。对于整个语料库中的词对，BTM 建模过程描述如下：

（1）对于整个语料库，有主题分布 $\theta \sim \mathrm{Dir}(\alpha)$。

（2）对于每一主题 z，该主题下的词分布为 $\varphi_z \sim \mathrm{Dir}(\beta)$。

（3）对于词对集 B 中的每一词对 $b = (w_i, w_j)$：

1）从整个语料库的主题分布 θ 中随机抽取一个主题 z，则有 $z \sim \mathrm{Multi}(\theta)$。

2）从抽取到的主题 z 中随机抽取构成词对 b 的两个不同的词 w_i 和 w_j，则有 $w_i, w_j \sim \mathrm{Multi}(\varphi_z)$。

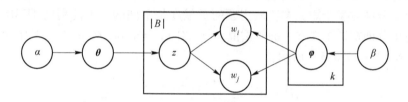

图 6-1 BTM 主题模型

6.1.2 融合权重及主题特征的混合向量模型

6.1.2.1 混合向量模型构建

融合权重及主题特征的混合向量模型结构如图 6-2 所示。该模型首先对短文本进行预处理，工作主要包括分词、去停用词、去低频词及非中文字符的词，同时过滤掉低质量和重复的文档，从而获得较为规则的数据集。然后针对处理后的短文本利用 Word2Vec 训练得到每个分词的词向量表示。利用 TF-IDF 算法计算每个分词在该短文本中的权重值，将文档中每个分词的词向量与分词在该文档中的权重相乘，得到带权重的词向量。利用 BTM 主题模型得到文档-主题分布矩阵，将文本加权词向量和 BTM 的文档主题分布向量进行连接，形成文档特征向量。

6.1.2.2 基于 Word2Vec 的文档加权向量表示

给定包含 M 个短文本的集合 $D = \{D_1, D_2, D_3, \cdots, D_M\}$，利用 ANSJ 分词软件

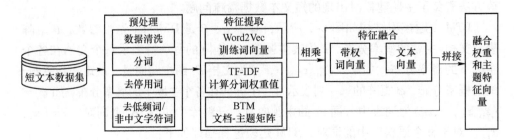

图 6-2　融合权重及主题特征的混合向量模型

对短文本进行分词。使用 Word2Vec 训练得到每个分词所对应的词向量，$w_i = (w_{i1}, w_{i2}, \cdots, w_{id})$ 为词表中第 i 个分词的词向量，其中 d 表示每个词向量的维度，短文本集合中互异词表大小为 n。

　　Word2Vec 模型反映了短文本词汇之间的语义关联，但 Word2Vec 只关注一定范围的邻近词汇关系，很容易导致全局信息的缺失。从整体短文本集合角度来看，每个分词对某个短文本所属主题的贡献度是不同的，因此利用 TF-IDF 算法计算每个分词在该短文本中的权重值 $K(w_i, D_j)$，即词 w_i 在短文本 D_j 中的权重，如式（6-1）~式(6-3) 所示。

$$K(w_i, D_j) = \frac{\mathrm{tf}(w_i, D_j) \times \mathrm{idf}(w_i)}{\sqrt{\sum\limits_{w_i \in D_j} (\mathrm{tf}(w_i, D_j) \times \mathrm{idf}(w_i))^2}} \tag{6-1}$$

$$\mathrm{tf}(w_i, D_j) = \frac{N(w_i, D_j)}{N(D_j)} \tag{6-2}$$

$$\mathrm{idf}(w_i) = \ln\left(\frac{M}{N(w_i)} + 0.01\right) \tag{6-3}$$

式中　$\mathrm{tf}(w_i, D_j)$——词 w_i 在单文档 D_j 中出现的频率；

　　　$\mathrm{idf}(w_i)$——词 w_i 在文档集 D 中的权重；

　　$N(w_i, D_j)$——分词 w_i 在文档 D_j 中出现的频率；

　　　$N(D_j)$——文档中的分词总数；

　　　$N(w_i)$——文档集中出现分词 w_i 的文档数。

　　设文档 $D_j = (w_1, w_2, \cdots, w_t)$ 包含 t 个分词，将文档中每个分词的词向量与分词在该文档中的权重相乘，得到带权重的词向量：

$$y_i = w_i \times K(w_i, D_j) \tag{6-4}$$

文档集 D 中的每篇文档的向量表示如下：

$$\delta_i = \frac{\sum\limits_{j=1}^{t} y_j}{|D_i|} \tag{6-5}$$

6.1.2.3 基于 BTM 主题模型的文本-主题矩阵

Word2Vec 模型反映词汇序列之间的语义关联，忽略了文本的全局语义。为了弥补这一全局信息缺失问题，选择 BTM 主题模型，通过词汇共现信息和文档、主题、词汇之间的概率分布发现文本的主题分布特征，从而发现文本的全局语义信息和特征表达。BTM 主题模型首先为语料库词典 W 中每个分词 w_i 分配一个独有的序号 $i-1$。同时构建短文本集合中每篇文档预处理后结构化的短文本 $D_i = (w_{i1}, w_{i2}, w_{i3}, \cdots, w_{in})$，其中 w_{in} 表示文档 D_i 中第 n 个词所对应的序号。将语料库词典及短文本集的结构化短文本输入到 BTM 模型中，BTM 通过抽取所有共现词对 $b = (w_i, w_j)$，构成词对集 B，然后为共现词对随机分配主题 z，再通过吉布斯采样方法，得到文档-主题分布矩阵 $\boldsymbol{\theta}$。$\boldsymbol{\theta}$ 的每一行即是每篇文档在各个主题下的文档主题向量。

6.1.2.4 融合 BTM 与词向量的文档向量连接

BTM 主题模型和 Word2Vec 模型在向量化表达短文本时，都有各自的侧重点。对上述得到的文本加权词向量 $\boldsymbol{\delta}_i$ 和 BTM 的文档主题分布向量 $\boldsymbol{\theta}_i$ 进行连接，形成词和主题相结合的文档特征向量 $\boldsymbol{R}_i$，弥补 BTM 和词向量两者的缺点，丰富了短文本向量的语义信息。

$$\boldsymbol{R}_i = \boldsymbol{\delta}_i \| \boldsymbol{\theta}_i \tag{6-6}$$

式中，向量拼接用符号"$\|$"表示。

6.1.3 改进增量聚类算法 Single-Pass

民众热点话题数据具有范围广、时效强、更新快等特征，传统的静态聚类算法满足不了实时发现民众热点信息的需求。为了能在海量变化的数据中快速发现相关民众热点话题，在传统增量聚类算法 Single-Pass 基础上通过增加限定阈值来改进传统 Single-Pass 算法存在的输入顺序敏感问题[86]。

ISPC 算法针对每一条短文本数据，分别找出与它相似性最大和次大的簇，然后通过最大簇和次大簇之间的差异值 δ 确定当前短文本是否适合加入到与它相似性最大簇的 C_k。如果大于差异值 δ，则证明该文本最适合加入到簇 C_k；否则，说明该文本在相似性最大簇和次大簇之间存在一些不确定信息，需要更多的信息才能进一步确定改短文本所示簇，因此将其加入等待列表 Waitlist，待更多短文本加入后重新判断。这样就改变了传统 Single-Pass 受数据输入顺序的限制。另外，为了更好地衡量短文本与类簇之间联系程度，用类簇的簇心、均值和方差及相似性综合衡量短文本与各簇之间的得分，得分越高，表示短文本属于该簇的可能性越大，计算过程如式（6-7）~式(6-10) 所示。

算法：ISPC

输入：短文本集合 $D = \{D_1, D_2, D_3, \cdots, D_M\}$，WaitList，阈值 T_1、T_2、δ、γ

输出：话题簇 $C = \{C_1, C_2, \cdots, C_k\}$

步骤：

1. If $C = \varnothing$

　　　　$C_1 = C_1\{D_1\}$，$C = C \cup \{C_1\}$

2. For each D_i in D

$\text{TopSim} = \underset{C_j \in C}{\arg\max}(\text{similarity}(D_i, C_j))$，返回最大相似性的簇索引 k

　　$\text{SecSim} = \underset{C_j \in C - C_k}{\arg\max}(\text{similarity}(D_i, C_j))$

　　　　If $\text{TopSim} > T_1$

　　　　　　If $\text{TopSim-SecSim} > \delta$

　　　　　　　　$C_k = C_k \cup \{D_i\}$

　　　　　　　　$\text{Update}(C_k)$

　　　　　Else

　　　　　　　　$\text{WaitList} = \text{WaitList} \cup \{D_i\}$

　　　　　Else if $\text{TopSim} > T_2$

　　　　　　　　$C_{\text{new}} = C_{\text{new}} \cup \{D_i\}$

　　　　　Else

　　　　　　　$\text{WaitList} = \text{WaitList}\{D_i\}$

3. For each D_i in WaitList

　　　执行步骤 2，直至 $\text{WaitList} = \varnothing$

4. For each C_i in C

　　　if $|C_i| < |D| * \gamma$

　　　C_i 为噪声评论簇

5. 输出 C

$$\text{Center}_i = \frac{1}{|C_i|}\sum_{D_j \in C_i} D_j \tag{6-7}$$

$$\text{Mean}_i = \frac{1}{|C_i|}\sum_{D_j \in C_i} \text{dis}(D_j, \text{Center}_i) \tag{6-8}$$

$$\text{Var}_i = \frac{1}{|C_i|}\sum_{D_j \in C_i} (\text{dis}(D_j, \text{Center}_i) - \text{Mean}_i)^2 \tag{6-9}$$

$$\text{score}(D_j, C_i) = \frac{\text{dis}(D_j, \text{Center}_i)}{1 + \text{Var}_i} \tag{6-10}$$

式中　Center_i——簇 C_i 的簇心；

　　　Mean_i——簇内文本到簇心的平均距离；

Var$_i$——簇内文本到簇心的方差；

dis(x,y)——两个文本向量间的余弦距离。

6.1.4 算法应用效果

6.1.4.1 数据描述和评价指标

实验数据来自 2021 年 3 月新浪微博热门话题，数据包含"减负""楼市调控""俄乌冲突""疫苗""华为芯片""东京奥运""日本核污水""苏伊士运河货轮搁浅"8 个话题，累计 10125 条数据。在预处理阶段，对数据进行降噪处理，包括过滤停用词、去除重复文本数据，最终获得 9832 条有效数据。实验硬件环境为 Intel（R）Core（TM）i5-12600KF 3.70 GHz，16.0 GB 内存，500 GB 硬盘，Windows 11 操作系统，编程语言选择 Python。

6.1.4.2 实验结果与分析

A BTM 模型主题数确定

为了验证主题模型 BTM 在短文本聚类过程中的可行性，首先通过 BTM 主题模型计算不同主题数的困惑度，通过困惑度曲线确定短文本主题类别 K，并提取每个主题下 TOP10 的主题词。如图 6-3 所示，短文本的困惑度曲线在 $K=8$ 时趋于稳定，这与所选数据集的真实主题类别相吻合。

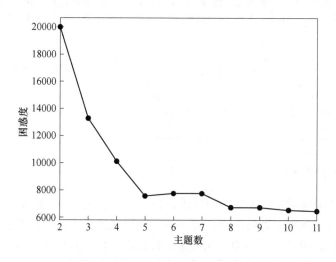

图 6-3 BTM 模型主题困惑度与主题数

表 6-1 列出了利用 BTM 主题模型和 LDA 主题模型发现的各主题 TOP10 词语，通过这些主题词语，基本可以了解各主题所表达的内容。但有些主题由于涵

盖内容太广,如"东京奥运"主题,本实验短文本在这一时间段内发生女足奥运会预选赛、中国女排测试赛等多个子话题,因此中心主题不突出。将 BTM 模型和 LDA 模型确定的主题词进行对比,发现,LDA 主题模型确定的主题词中有些词语与主题不相关,如"华为,芯片"主题的"OPPO"词语,"疫苗"主题下的"流感"等,进而也说明 BTM 主题模型更适用于短文本数据挖掘。

表6-1　不同主题模型 TOP10 词语对比

相关主题	BTM 模型	LDA 模型
俄乌冲突	军事、乌克兰、北约、俄军、泽连斯基、东部、克里米亚、俄乌、战机、白宫	俄乌、军事、战机、俄军、泽连斯基、顿巴斯、北约、美国、黑海、白宫
华为芯片	华为、芯片、麒麟、小米、鸿蒙、任正非、处理器、半导体、智能手机、5G 网络	华为、手机、小米、荣耀、麒麟芯片、任正非、海思、半导体、OPPO、5G 网络
东京奥运	东京奥运会、中国女足、足球、女子、王霜、中国女排、奥运圣火、韩国足球队、刘诗雯、郎平	东京奥运会、女子足球、亚预赛、王霜、中国女排、乒乓球、韩国足球队、刘诗雯、中国队、郎平
日本核污水	福岛、核电站、日本政府、东京、电力公司、时政、太平洋、东电、核、废水	福岛、核电站、日本政府、菅义伟、东京电力公司、外交部、太平洋地区、癌症、核、废水
苏伊士运河货轮搁浅	苏伊士运河、长赐号、航母、海军、搁浅、埃及、卫星号、总统、库兹涅佐夫、海峡	苏伊士、运河、长赐号、埃及总统、海军、搁浅、日本公司、卫星号、汽油、直升机
减负	减负、小学、教育部、教育、作业、中小学生、好未来、校外培训机构、素质教育、奥数	减负、素质教育、小学、教育、中小学生、教育部、义务教育、校外培训机构、高考、奥数
楼市调控	楼市、调控、房价、房地产、买房、上涨、二手房、炒房客、住建部、刚需	楼市、学区房、房地产、炒房、一线城市、二手房、炒房客、楼盘、调控、首付
疫苗	疫苗、疫苗接种、新冠疫苗、灭活疫苗、科兴、国家卫健委、辉瑞、口罩、疾控、过敏	疫苗、新冠疫苗、接种、钟南山、科兴、口罩、抗体、出口、细胞、流感

B　聚类精度分析

实验中将词向量维度设置为 100 维,窗口大小设置为 4,根据图 6-3 中 BTM 主题困惑度及选择数据集的类别,将文档主题维度依据困惑度和数据集本身特征取 8,超参数 $\alpha = 0.5$,$\beta = 0.01$;Gibbs 采样过程迭代次数设为 1000。

针对短文本数据集,分别通过 Word2Vec 词向量模型,Word2Vec + TF-IDF,Word2Vec + BTM 和融合权重及主题特征的 Word2Vec + TF-IDF + BTM 模型获取短文本向量表示,然后利用 Single-Pass 聚类算法对短文本进行聚类分析,计算聚类后每个主题的 F1-Score 值。图 6-4 为短文本在各种特征向量模型下聚类后的结果。从图中可以看出本节提出的混合模型方法聚类效果最好，除"东京奥运"主题外，其他主题的整体精确度都高于其他模型。分析其原因主要包括以下几点：

（1）Word2Vec 模型侧重利用词汇之间的关系，对文本向量进行降维，而忽略了文档的全局语义信息和不同词汇对主题贡献程度的差别，在聚类精度方面与融合特征算法有一定的差距。

（2）在 Word2Vec 模型基础上增强词语的特征权重或主题特征在一定程度上增强了词向量的主题特征，因此聚类效果明显高于单独使用 Word2Vec 模型。

（3）融合特征模型 Word2Vec + TF-IDF + BTM 即克服了全局语义缺失问题，又通过 TF-IDF 方法增强了特征词对短文本的影响。同时，BTM 主题模型的融入，并没有使短文本的特征维度大幅增加，因此在提高整体聚类精度的同时并没有降低算法的效率。

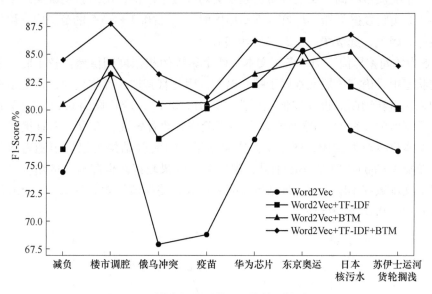

图 6-4　不同特征向量模型聚类算法结果对比

C　阈值对 Single-Pass 算法的影响

对聚类算法中相似度阈值 T_1、噪声阈值 T_2 及域间差异值 δ 的取值范围进行分析，表 6-2 为不考虑域间差异值 δ，即 $\delta = 0$，T_1 的取值范围为 $[0.35, 0.6]$，T_2 的取值范围为 $[0.15, 0.35]$，两个参数的步长均设定为 0.05 时的实验结果。实验结果为聚类的权重精度值 Weighted-F1，如式（6-11）所示。

$$\text{Weighted-F1} = \sum_{i=1}^{k} \left(\frac{|C_i|}{|D|} F_i \right) \tag{6-11}$$

表 6-2　参数 T_1 和 T_2 对聚类结果的影响

T_1	T_2				
	0. 15	0. 2	0. 25	0. 3	0. 35
0. 35	79. 24	79. 36	82. 13	82. 45	82. 11
0. 4	79. 56	79. 88	82. 75	82. 88	83. 04
0. 45	79. 35	80. 12	82. 96	84. 89	84. 36
0. 5	79. 42	80. 45	84. 12	85. 21	84. 75
0. 55	79. 02	80. 11	84. 69	85. 23	84. 67
0. 6	78. 25	79. 68	82. 41	84. 65	84. 21

　　聚类中噪声阈值 T_2 起到判定噪声数据的作用，T_2 设置太小，过滤噪声能力越小，反之将导致一些非噪声数据的划分错误；T_1 为相似类簇的阈值，T_1 设置太小，聚类质量不高，反之容易引起聚类划分过于严格，反而影响聚类效果。由表 6-2 的实验数据可知，T_1 在 0.5 ± 0.05 时，T_2 在 0.3 ± 0.05 的范围内，聚类效果最好。因此，选取 $T_1 = 0.3$，$T_2 = 0.55$。

　　δ 为域间差异值，当一条短文本与两个聚簇的相似度阈值差异较小时，说明当前状态很难确定该短文本属于哪个聚簇，因此将其加入等待列表，待更多短文本加入后重新判断。设 δ 取值范围为 [0.01，0.1]，步长设为 0.01。由于整体实验数据区分度较大，δ 影响较小。为了验证 δ 的有效性，选取"东京奥运"主题短文本进行聚类实验，图 6-5 为实验结果，由实验结果可以看出随着 δ 的增大，聚类 Weighted-F1 在不断上升，说明聚类效果较好。但随着 δ 的增大，聚类过滤的文本数在不断增加，导致等待列表加大，使得聚类效率降低，因此 δ 取值应在 $0.06 \sim 0.08$ 较为合理。

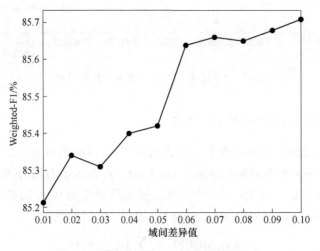

图 6-5　域间差异值 δ 对聚类结果的影响

6.1.5　结论

本节提出一种融合权重及主题特征的短文本向量表示模型 Word2Vec + TF-IDF + BTM，同时结合改进的 Single-Pass 聚类算法对新浪微博的短文本数据进行聚类，进而发现一段时间内民众关心讨论的热点问题。Word2Vec + TF-IDF + BTM 向量表示模型解决了因短文本数据稀疏所产生的特征信息丢失问题，从局部和全局角度挖掘短文本数据特征。改进的 Single-Pass 聚类算法通过增加限定阈值解决了传统 Single-Pass 算法存在的输入顺序敏感问题，提高了聚类精度。实验结果表明，短文本向量表示模型可以有效提高聚类效果。在今后的工作中，将考虑电子政务短文本的其他特征因素，如短文本的时效性对聚类算法发现热点问题的影响，以达到更好的聚类效果。

6.2　融合 TextCNN-BiGRU 的多因子权重文本
情感分类算法研究

在人工智能快速发展的背景下，涌现出了许多新兴研究领域，其中情感分类作为一项关键技术，受到研究者的广泛关注。这一技术专注于分析和处理情感数据，目的是从大量文本中提取有效的情感特征，并通过分类算法识别其中的情感倾向。情感分类不仅是人机交互领域的一个重要环节，而且在国防、舆情监控、医疗诊断等多个领域都有着广泛应用。尽管研究人员在情感分类算法上已经取得一定成果，但如何构建更高效、准确的分类模型和进一步优化情感特征提取技术，仍是当前研究的热点[87]。

随着社交媒体的普及，各大平台产生大量中文短文本，这些短文本蕴含丰富的用户情感信息。同时，这些短文本信息也面临噪声干扰、新词频出、口语化、缩写以及上下文信息稀疏等问题，这对情感分类提出了更大的挑战[88]。针对这些问题，研究人员从不同角度提出了多种解决方案。第一种是基于情感词典的方法，该方法通过记录词语的情感倾向实现短文本的情感分类。如林鸿飞等人构建情感词本体库为文本情感识别提供了基础[89]；刘群等人通过计算词语间相似性分析目标词的情感倾向，为情感分析领域带来了新的视角和方法[90]。情感词典构建不仅增强了情感分析的理论基础，也为实际应用提供了有力的工具和方法。但新词未收录和词典编写耗时是其局限之处。第二种是基于机器学习的方法，该方法虽然取得了一定的进步，但受限于数据和人工特征选取。基于向量的文本特征表示是情感分析一个重要研究方向。向量空间模型（VSM）将文本相似度计算转换成向量间的相似度计算[91]。VSM 的一个主要问题是它没有考虑词序，导致了对语义理解的不足。为解决该问题，研究者引入了 N-Gram 特征，但该方法在大数据处理上有维度限制。Mikolov 等人随后开发了 Word2Vec 模型，以低维向量有效表示词及其上下文信息，避免了维度问题[92]。

Word2Vec 因其优势在自然语言处理中广泛应用，尤其是与深度学习技术结合进行情感分类。如 Kim 首次使用 CNN 模型对已训练的词向量进行情感分类，取得了显著的效果[93]。Zhou 等人提出了一种结合受限玻耳兹曼机的 CNN 模型，用于对句子的顺序和潜在主题进行建模，有力克服传统 CNN 挖掘文本潜在主题方面的不足[94]。由于 RNN 具有处理序列数据和上下文信息方面的能力，因此特别适用于情感分类。但 RNN 存在梯度消失和梯度爆炸问题，所以研究者们开发了 RNN 的改进模型，如长短期记忆网络和门控循环神经网络（GRU）。如张英等人提出了一种基于双向长短期记忆网络（BLSTM）的模型，专门用于互联网短文本的情感分析。该模型通过分析文本的前向和后向上下文信息，有效提取情感要素，并在处理复杂文本和提高准确率方面表现出色[95]。滕飞等人[96]提出了一个基于 LSTM 网络的多维话题分类模型，该模型能有效处理不同类型的数据。在某个特定数据集上，这个模型精度高达 96.5%。CNN 和 RNN 单独使用时存在各自缺陷，CNN 关注文本的局部特征，却难以处理上下文和时间序列信息；而 RNN 虽然能有效处理序列和上下文，但在提取深层特征方面略显不足。为此，很多学者尝试结合这两种网络，发挥各自优势。如杜永萍等人提出的 CNN-LSTM 组合模型在短文本情感分类上表现良好[97]。另外，Li 等人提出的多通道双向长短期记忆网络模型通过融合多种特征通道来深入捕捉句子的情感，其在多个数据集上的效果优于单一模型和传统机器学习方法[98]。这些研究成果证明，整合不同的深度学习网络能够有效提高情感分类的性能。

6.2.1 多权重短文本向量表示

短文本集合中每个词汇在短文本分类中的贡献度是不同的，对于情感分类而言，一些中性词语在区分短文本情感类别时作用不大，而一些具有积极或消极含义的词语贡献度很大。如"yyds""上岸"感情色彩明显，而"天空""汽车"等中性词语无明显情感倾向。另外，一些情感词由于其前面否定词和副词的影响，也会造成情感强度和文本情感极性不同。针对这些特征，我们提出了一种多因子权重文本向量表示法（Multifactorial Weighted Word2Vec，MFWW）。这种方法不仅考虑每个词汇的情感倾向和强度，还综合了其在文本中的类别分布，从而更准确地捕捉和表示短文本的情感特征。

类别比[99]（Category Ratio，CR）用于描述情感文本中词语在不同类别之间的分布情况，引入类别比的目的是强调那些在特定情感类别中更为重要的词汇。针对二分类情感问题，用 $\text{pos}(w_i)$ 和 $\text{neg}(w_i)$ 分别表示词语 w_i 在积极类文本和消极类文本集中出现的次数。词语 w_i 的类别因子表示如下：

$$CR(w_i) = \frac{\max(\text{pos}(w_i), \text{neg}(w_i))}{\text{pos}(w_i) + \text{neg}(w_i)} \tag{6-12}$$

情感词典是基于大量相关资料及对现有词典的深入研究和借鉴而形成的。情感词典汇集了众多具有明显情感倾向和描述情感程度的词汇。我们使用 BosonNLP[100] 情感词典，计算短文本中情感词的权重。BosonNLP 情感词典中包含程度副词词典，但程度副词词典只有程度词，没有程度值，我们对程度副词进行标记，其中大于 1，表示情感加强；小于 1，表示情感弱化。表 6-3 列出部分程度副词对应的程度值。

表 6-3 程度副词标注

程度副词	程度值	程度副词	程度值
绝对	2	刻骨	2
百分之百	2	极其	2
非常	2	特别	1.5
尤其	1.5	稍微	0.8
一点儿	0.8	…	…

当词语 w_i 是情感词，$p(w_i)$ 代表 w_i 在情感词典中对应的情感分数；$p(w_j)$ 表示与情感词 w_i 关联的副词情感程度。由于一些情感词前面会有一些修饰副词和否定词，这些词影响了情感词的情感强度。如"喜欢"和"非常喜欢""非常不喜欢"表达的含义和强度不相同，因此我们以情感词 w_i 为中心，向前扩展 m 个词语。设扩展的 m 个词语中程度副词集合为 S，否定词个数为 k。否定词的个数决定了情感词最后表达的是正向情感还是负向情感，如"不崇拜"和"不能不崇拜"表示的情感极性就不同。短文本中情感词的权重如式（6-13）所示：

$$E(w_i) = (-1)^k \times \sum_{w_j \in S} p(w_j) \times p(w_i) \tag{6-13}$$

给定短文本 D，通过分词软件对短文本进行分词。然后利用 Word2Vec 模型训练得到短文本中每个分词所对应的词向量 $\boldsymbol{T}(w_i) = (v_{i1}, v_{i2}, \cdots, v_{ik})$，其中 k 表示每个词向量的维度。则该词语的多因子权重向量表示如下：

$$\mathbf{MFWW}(w_i) = CR(w_i) \times E(w_i) \times \boldsymbol{T}(w_i) \tag{6-14}$$

6.2.2 融合 TextCNN-BiGRU 的情感分类模型

TextCNN 结合卷积神经网络来处理文本数据，该模型通常只关注文本局部特征，忽略文本的全局特征，因此一定程度上影响情感分类的准确性。双向门控循环单元（BiGRU）同时考虑文本序列的前向和后向信息，能够更好地捕获文本中的上下文信息。将利用 MFWW 文本向量表示法得到的文本向量分别作为 TextCNN

和 BiGRU 的输入，挖掘文本的局部和全局特征，然后将两种特征进行线性融合，最后使用 Sigmoid 分类函数实现文本的情感分类，模型整体框架如图 6-6 所示。

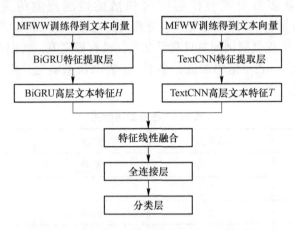

图 6-6　融合 TextCNN-BiGRU 的情感分类模型

6.2.2.1　TextCNN 模型

TextCNN 模型包括输入层、卷积层、池化层，给定输入短文本矩阵 $\mathbf{Sentence}_i = \{\mathbf{T}(w_1), \mathbf{T}(w_2), \cdots, \mathbf{T}(w_n)\}$，该矩阵是通过 MFWW 方法生成的词向量映射而成，$\mathbf{Sentence}_i \in \mathbf{R}^{n \times k}$ 包含有 n 个 k 维向量，其中 n 表示短文本中词汇数量。TextCNN 的卷积层选择 $h \times k$ 的卷积核提取 $\mathbf{Sentence}_i$ 的局部特征 lf_i。

$$\mathrm{lf}_i = \mathrm{feature}(\mathbf{w} \cdot \mathbf{c}(i:i+h-1) + b) \quad i = 1, 2, \cdots, n-h+1 \quad (6\text{-}15)$$

式中　　　　$\mathbf{w}$——$h \times k$ 的卷积核；

$\mathbf{c}(i:i+h-1)$——文本的 h 行向量；

　　　　b——偏置量；

　　　feature——激活函数。

卷积核在句子矩阵 $\mathbf{Sentence}_i$ 上每次垂直滑动一个单位，获得句子局部特征向量集合 $\mathrm{LF}(\mathbf{Sentence}_i) = \{\mathrm{lf}_1, \mathrm{lf}_2, \cdots, \mathrm{lf}_{n-h+1}\}$。通过选择不同大小的卷积核，可以得到多个句子局部特征。

通过卷积层获得的句子特征维度仍然比较大，容易出现过拟合现象。最大池化 max-pooling 技术的作用是对句子特征进一步降维，只保留句子最重要的特征。用 $d_i = \mathrm{max\text{-}pooling}(\mathrm{LF}(\mathbf{Sentence}_i))$ 表示一个句子局部特征最大池化后的局部特征，则 $\mathbf{T} = \{d_1, d_2, \cdots, d_n\}$ 即为所有句子特征池化后特征向量，该向量是特征融合层输入的一部分。

6.2.2.2 双向门限循环单元

GRU 将 LSTM 记忆单元的遗忘门和输入门合并成更新门，这样做不仅简化结构，而且解决文本的长时间依赖问题，更新门 z_t 和重置门 r_t 控制信息的流动，如式（6-16）~式(6-19) 所示。

$$z_t = \sigma(W_z \cdot [h_{t-1}, x_t] + b_z) \tag{6-16}$$

$$r_t = \sigma(W_r \cdot [h_{t-1}, x_t] + b_r) \tag{6-17}$$

新的候选隐藏状态和最终隐藏状态表示为：

$$\tilde{h}_t = \tanh(W \cdot [r_t \times h_{t-1}, x_t] + b) \tag{6-18}$$

$$h_t = (1 - z_t) \times h_{t-1} + z_t \times \tilde{h}_t \tag{6-19}$$

式中　　　　　　σ——Sigmoid 函数，用于将门控的值限定在 0 到 1 之间；

　　　　　　　　$\times$——元素乘积；

W, W_z, W_r, b, b_z, b_r——学习参数。

BiGRU 是一种用于处理序列数据（如文字或时间序列数据）的神经网络结构。BiGRU 通过正向 GRU 处理数据的正向序列（从开始到结束），反向 GRU 处理反向序列（从结束到开始）。这种结构使得 BiGRU 能够在每个时间点上同时考虑到输入序列的前文和后文信息，即文本的全局结构。该模型结构如图 6-7 所示。

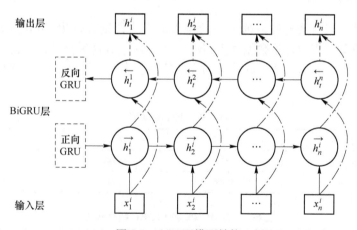

图 6-7　BiGRU 模型结构

其中输入层同样接收 MFWW 文本向量表示法得到的文本向量。其中正向 GRU 捕获了从序列开始到当前时间点的上下文信息，对于每个时间步 t，正向状态 $\overrightarrow{h_t^i}$ 表示为：

$$\overrightarrow{h_t^i} = \overrightarrow{\text{GRU}}(x_t^i, \overrightarrow{h_{t-1}^i}) \tag{6-20}$$

式中　$\overrightarrow{h_t^i}$——第 i 个文本在时间 t 的正向隐藏状态；

　　　x_t^i——第 i 个文本在时间 t 的输入；

　　　$\overrightarrow{h_{t-1}^i}$——第 i 个文本在时间 $t-1$ 的正向隐藏状态。

反向 GRU 则从序列的末尾开始，反向捕获从当前时间点到序列结束的上下文信息。这样，每个时间点的状态都包含了来自过去和未来的信息。反向 GRU 描述如下：

$$\overleftarrow{h_t^i} = \mathrm{GRU}(x_t^i, \overleftarrow{h_{t+1}^i}) \tag{6-21}$$

式中　$\overleftarrow{h_t^i}$——第 i 个文本在时间 t 的反向隐藏状态；

　　　$\overleftarrow{h_{t+1}^i}$——第 i 个文本在时间 $t+1$ 的反向隐藏状态。

最后，BiGRU 的输出是通过合并正向和反向 GRU 在每个时间点上的隐藏状态来计算文本全局特征向量，作为整个网络模型中第一个全连接层输入的一部分。

$$h_t^i = \overrightarrow{h_t^i} \oplus \overleftarrow{h_t^i} \tag{6-22}$$

式中　h_t^i——第 i 个文本在时间 t 的最终输出状态；

　　　$\oplus$——连接操作，它将两个隐藏状态的信息合并起来。

用 h_i 表示经过 BiGRU 模型训练后的一个句子全局特征，$\boldsymbol{H} = \{h_1, h_2, \cdots, h_n\}$ 即为所有句子特征池化后特征向量，该向量是特征融合层输入的一部分。

6.2.3　算法应用效果

实验数据来自谭松波老师整理的携程网酒店评论数据集 Ctrip_hotel[101] 和某外卖平台收集的用户评价数据集 Delivery[102]，两个数据集都进行了正向和负向情感标记，表 6-4 列出了两个数据集的详细信息。表 6-5 给出了 TextCNN 和 BiGRU 模型参数设置。

表6-4　数据集描述

数 据 集	正 向	负 向	总文本
Ctrip_hotel	5322	2444	7766
Delivery	4398	3116	7514

表6-5　TextCNN 和 BiGRU 模型参数

参　数	TextCNN	BiGRU
词向量维度	128	128
卷积核大小	3，4，5	—
隐藏层层数	—	2
学习率	—	0.01
卷积核数量	128	—

续表 6-5

参　数	TextCNN	BiGRU
激活函数	ReLU	—
每层隐藏层大小	—	128
池化方法	max-pooling	—
Dropout 丢失率	0.4	—
优化函数	—	Adam
Epoch	60	60
损失函数	交叉熵	交叉熵

实验的全连接层之后加入 Dropout 层，其中 Dropout 丢失率为 0.4，损失函数为交叉熵函数。实验对比了分类准确率和损失函数变化两个指标，验证本节提出的融合 TextCNN-BiGRU 的多权重文本分类算法的有效性。其中，准确率是评估分类模型性能的一个基本指标，指正确分类的样本占所有样本的比例；分类损失函数选择交叉熵，两项指标计算公式如下：

$$\text{Accuracy} = \frac{\text{TP} + \text{TN}}{\text{TP} + \text{TN} + \text{FP} + \text{FN}} \tag{6-23}$$

$$\text{CE} = -\frac{1}{n} \sum_{i=1}^{n} \left[y_i \ln(\hat{y}_i) + (1 - y_i) \ln(1 - \hat{y}_i) \right] \tag{6-24}$$

图 6-8 所示为使用 Word2Vec、Word2Vec + CR、Word2Vec + EM、MFWW 四种词向量表示方法分别作为 TextCNN-BiGRU 融合输入时短文本情感分类的准确率。结果表明，MFWW 整体在两个数据集上表现最佳，这表明结合词语类别比和情感词加权的多因子权重文本向量表示法对提高情感分类效果非常有效。此外，随着 Epoch 增加，几种词向量表示法的准确率都在提升，显示出学习和适应

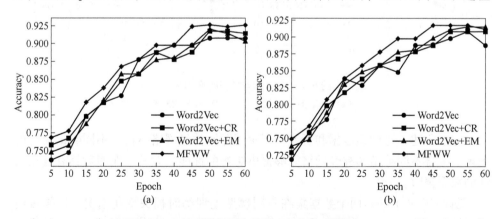

图 6-8　不同向量表示模型的分类准确率

（a）Ctrip_hotel 数据集；（b）Delivery 数据集

数据的能力，但也出现了过拟合的迹象，尤其是在 Epoch 超过 40 之后，这说明 Epoch 数量受数据集大小和模型复杂度的影响。

图 6-9(a)是 TextCNN、BiGRU 和 TextCNN-BiGRU 融合模型在数据集 Ctrip_hotel 上执行情感分类的准确率。结果表明，随着 Epoch 的增加，三种模型准确率普遍提升，这说明随着训练的深入，三种模型都能学习和适应数据集的特征。尤其是 TextCNN-BiGRU 融合模型，在大多数 Epoch 上展现出最佳的性能，这说明 TextCNN-BiGRU 有效地捕捉和整合了数据的特征。此外，所有模型在 Epoch 较高时的准确率趋于稳定，尤其是融合模型，表明其对数据集特性的良好适应和学习能力。

图 6-9(b)尽管整体趋势与数据集 Ctrip_hotel 相似，但在所有模型的性能上都略有下降，这表明第二个数据集 Delivery 在结构上更为复杂或包含更多噪声，从而对模型构成更大的挑战。在这组数据中，TextCNN-BiGRU 融合模型仍然在多数 Epoch 上保持领先，但值得注意的是，BiGRU 模型在某些 Epoch 上的表现接近或略优于融合模型。这表明在特定数据集上，单一神经网络结构也可能展现出较好的性能。TextCNN 和 BiGRU 两种模型在 Epoch 较高时准确率表现出更加显著的波动，这说明模型在适应更复杂数据特性时出现了过拟合或其他优化问题。

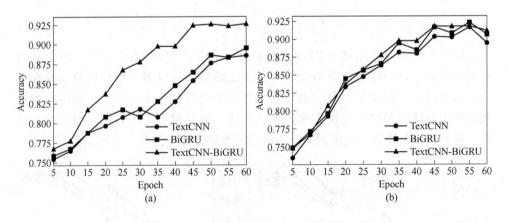

图 6-9　情感分类模型的准确率
(a) Ctrip_hotel 数据集；(b) Delivery 数据集

综上所述，这两组数据和折线图展示了不同神经网络结构在不同数据集上的表现，融合不同类型的神经网络能够提供更好的性能，尤其是在面对具有复杂特性的数据集时。

图 6-10 显示的是两个数据集在不同模型上训练时损失变化情况。结果表明所有模型（TextCNN、BiGRU 和 TextCNN-BiGRU）的 Loss 值都随着 Epoch 的增加而逐渐下降，说明模型能够在训练中有效地学习文本特征并不断提高分类性能。

特别是 TextCNN-BiGRU 的融合模型，在两个数据集上均具有最低的 Loss 值，说明它具有更强的泛化能力和稳定性，通过模型的融合更好地挖掘了文本的局部和全局特征。此外，虽然两个数据集训练结果整体趋势相似，但在某些 Epoch 上存在明显差异，反映出数据集的特性对模型性能是有影响的。总体来说，TextCNN-BiGRU 融合模型在不同数据集具有更强的适应性和更优的性能。

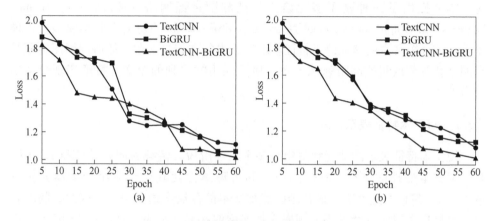

图 6-10 情感分类模型的损失率

（a）Ctrip_hotel 数据集；（b）Delivery 数据集

6.2.4 结论

本节讨论了深度学习技术在短文本情感分类中的应用，提出了一种融合卷积神经网络和双向门限循环单元（TextCNN-BiGRU）的多因子权重文本情感分类算法。算法改进了词向量表示，并将其作为输入在两个深度学习模型中学习文本特征，最后通过将两种文本特征进行线性融合，实现短文本的情感分类。实验结果显示，这种融合模型展示了更好的性能和适用性。

通过实践探索，可以预见，随着深度学习技术的不断进步，融合模型能够更准确地处理复杂的文本数据。但融合模型因其复杂性而需要更多的计算资源和更长的处理时间。这可能会在实际应用中造成一定的限制，特别是在需要快速响应的场景中。未来的研究会集中在优化这些模型的计算效率上，以减少所需的计算资源和时间，从而使这些模型更加实用和普及。

6.3 基于 MSF-GCN 的短文本分类模型

互联网和社交媒体的迅速发展，产生了大量短文本数据（如微博、推文、评论等）。这些短文本数据通常包含丰富的信息和复杂的语义关系。然而，由于短文本数据长度受限，并且缺乏语境，传统的文本特征提取方法在处理这类数据时面临着巨大挑战。近年来，图卷积神经网络因其在处理复杂数据结构方面的优势而受到研究者的广泛关注。特别是 GCN 在捕捉数据中的依赖关系和结构化信息方面表现出色，这使得它成为短文本特征提取的理想选择。然而，如何有效融合短文本中的多元语义信息，来进一步增强 GCN 的性能，仍是当前研究的关键问题。本节提出了一种基于多元语义特征和图神经网络（Multivariate Semantic Features and Graph Convolutional Networks，MSF-GCN）的短文本分类模型，该模型首先结合短文本的多元语义特征获取短文本的文档级主题，然后利用图卷积神经网络获取节点间的高阶邻域关系，最后利用学习到的短文本特征实现短文本分类[103]。

6.3.1　短文本特征表示技术

短文本特征表示的变迁和演化有多个重要阶段。传统的词袋模型和 TF-IDF，是早期文本处理的支柱，它们的简洁和可理解性使其广泛应用于文本分析领域[104-105]。然而，这些方法通常难以捕捉文本的深层次语义信息。因此，随着自然语言处理领域的持续发展，词嵌入技术崭露头角，如 Word2Vec 和 GloVe 等模型[106-107]。这些技术引入了一种新的范式，将词汇映射到连续、稠密的向量空间中，以更好地捕捉词义和词汇之间的语义关联。这种改进让我们能够更精确地表达文本中的语义信息，为自然语言处理任务提供了更强大的工具。随后，深度学习技术的兴起继续改变着文本建模的方式。卷积神经网络和循环神经网络等深度学习模型都具备出色的文本建模能力，可以更好地处理文本中的上下文信息和复杂结构，使我们能够在特定任务中实现更高质量的特征表示[108-110]。这个发展推动了自然语言处理领域的高速发展。近几年，基于注意力机制的模型，如 BERT 的涌现以及对图神经网络研究的深入[111-112]，进一步促进了短文本特征表示技术的发展。这些模型通过在大规模文本数据上进行预训练，不仅深入挖掘了语言的深层次特征，还在特定任务上实现了较好的性能，从而提供了更为丰富的语义信息捕捉手段。

综上分析，短文本特征表示技术是一个不断演进和创新的领域，各种方法和技术的引入为我们处理和理解文本数据提供了更多的选择。这个领域的蓬勃发展反映了深度学习和人工智能领域的不断前进，同时也为各种自然语言处理任务的性能和精度提供了显著提升的机会[113]。

6.3.2　多元异构图构建

短文本通常由一条或几条语句组成。句子的主要成分是主语、谓语和宾语。对于文本分类任务，主语和宾语是识别文本主题的关键要素。在中文文本中，主语和宾语通常用名词表示。例如，"中国化妆品将在国际市场上取得更加辉煌的成绩"。主语为"中国化妆品"，宾语为"辉煌成绩"，主语和宾语都是名词短语。若识别了主语和宾语的主体成分，便可知这个句子表达的语义是"中国化妆品的辉煌成绩"。基于上述启发，在短文本分类的图模型构建中引入名词、名词短语和语义角色三种语义特征，来增强短文本的特征表示。用 $G = (V, E)$ 表示短文本分类图，文档集合 $D = \{d_1, d_2, \cdots, d_n\}$，多元语义特征集合 $T = N \cup NP \cup SR$，其中 N 是名词集合，NP 是名词短语集合，SR 是语义角色集合，图 G 的顶点集合 $V = D \cup T$。边的集合 E 反映了文档、多元语义特征及文档与多元语义特征之间的关系。以下分别阐述异构图中顶点及边的生成过程。

6.3.2.1 多元异构图顶点

多元异构图的顶点由文档和体现语义的特征词组成。本章名词、名词短语和语义角色特征词的提取基于文献［114］的策略。首先利用哈尔滨工业大学的语言技术平台[115]（Language Technology Platform，LTP）对短文本进行分词和词性标注，然后保留名词。

名词短语在主题识别中作为特征可以有效提高主题类别之间的区分度。当不同主题类别有高度重叠的属性词时，采用短语特征而不是单一属性词，可以减少这种重叠。如"华为手机"和"苹果手机"，"手机"在主题类别之间重叠度高，不具备区分度。但通过名词短语可以明显区分两者主题，有助于增强文本数据的主题识别能力。我们使用 LTP 的依存句法分析模块获取短文本中的 ATT（定中关系）、COO（并列关系）或 QUN（数量关系）结构构成，这三种关系都具有名词短语特征。其中，在 ATT 关系中，中心名词的修饰成分可能有一个或多个，如"我妈妈的那本旧书"，中心名词是"书"，"我妈妈的"和"那本旧"都是修饰词，将它们构成一个名词短语。对于 QUN 关系，当数量词是数字时，如在"三本书"中，"三"是数量词，而"书"是中心名词，它们共同构成一个名词短语，但在分析时，通常只将"书"视为中心名词。而 COO 关系，是名词的并列，直接保留。

LTP 的语义角色标注模块主要围绕句子的核心动词来对句子的其他成分进行角色标注。在这个过程中，它主要识别两种关键的语义角色：（1）Arg0 表示动作的施事者，即执行动作或者引起事件发生的个体或实体。在句子结构中，Arg0 通常对应于主语。（2）Arg1 表示动作的受事者，即动作或事件的承受者。在句子结构中，Arg1 通常对应于宾语。如"中国是一个自由和平的国家"中核心动词为"是"，"中国"是 Arg0，"一个自由和平的国家"是 Arg1。

为了降低上述获得的名词、名词短语和语义角色之间产生的冗余信息，我们借鉴文献［110］提出的消除冗余特征策略 1 和策略 2 处理前面产生的多元语义特征集合。

策略 1：向上规约策略思想是如果名词短语和语义角色在去除复杂特征后没有名词或只有一个名词，则用此名词替换名词短语和语义角色。

策略 2：向下扩展策略是用名词短语和语义角色特征加强名词的核心作用和类别区分能力。其思想是移除构成这些特征的多个名词之间的连接成分，只保留剩余的名词组合。

通过利用 LTP 语言技术平台和消除冗余特征策略，我们获得多元语义特征集合 T。

6.3.2.2　多元异构图的节点

异构图的节点由文档和多元语义特征词组成。对于文档我们首先进行分词及相应预处理操作，然后利用 Word2Vec 模型训练得到每个分词所对应的词向量 $w = \{v_1, v_2, \cdots, v_k\}$，$k$ 表示词向量维度。当文档 d_i 包含 t 个分词，则异构图文档顶点的向量表示如式（6-25）所示：

$$\delta_{d_i} = \frac{\sum_{j=1}^{t} w_j}{t} \tag{6-25}$$

对于多元语义特征集合中的名词直接使用名词的词向量作为节点特征，名词短语及语义角色特征仍然采用分词的方式，求词向量平均值。

6.3.2.3　多元异构图的边

给定异构图中任意两个节点 u 和 v，如果两节点中有一个是文档节点，则两节点间边权值见式（6-26）。其中如果 $u, v \in D$ 时，用两个文档余弦相似度作为节点间边权值；如果 $u \in N, v \in D$，则节点与文档之间的边权值是节点在该文档的 TF-IDF 值；如果 $u \in NP \cup SR$，$v \in D$ 且 u 是基于策略 2 得到的名词组合，则该名词短语与文档间的边权值为所有名词的 TF-IDF 值的均值。

如果异构图中两节点均是名词或名词短语，那么当它们之间是语义角色的施事者和承受者，则边权值为 1，否则为 0。

$$e(u,v) = \begin{cases} \dfrac{u \cdot v}{|u||v|} & u,v \in D \\[3mm] \mathrm{tf}_{u,v} \times \ln \dfrac{|D|}{\mathrm{idf}_u} & u \in N, v \in D \\[3mm] \dfrac{\sum_{i=1}^{n} \mathrm{tfidf}_{w_i v}}{n} & u \in NP \cup SR, v \in D \end{cases} \tag{6-26}$$

对于节点是名词或名词短语间产生的边权值，利用式（6-27）进行归一化处理。$ew(u,v)$ 即为名词或名词短语 $e(u,v)$ 边权值在文档 d_v 归一化后的权重值。

$$ew(u,v) = \frac{e(u,v)}{\sqrt{\sum_{t_u \in d_v} e(u,v)^2}} \tag{6-27}$$

6.3.2.4 图卷积神经网络

图卷积神经网络是深度学习技术在图数据上的一种应用。GCN 能够处理图结构数据，这在传统的神经网络架构中是难以实现的。GCN 将深度学习中的卷积概念扩展到图结构数据上。在 GCN 中，每个节点的新特征通过聚合其自身特征以及其邻居节点的特征得到。通过这种方式，GCN 能够捕获图中节点间的复杂关系和依赖性。通过构建多层 GCN 能够捕获更广泛的节点间关系，非常适合处理具有复杂关系和结构的图数据。

将构建的多元异构图输入到具有两层结构的 GCN 中，设构建的异构图中有 N 个节点，每个节点都有自己的节点特征表示，将这些节点的特征构成一个 $N \times D$ 维的特征矩阵 X，各个节点之间的关系形成一个 $N \times N$ 维的邻接矩阵 A，将 X 和 A 作为 GCN 的输入。GCN 的层与层之间的传播方式为：

$$X^{(l+1)} = \sigma(\tilde{D}^{-\frac{1}{2}} \tilde{A} \tilde{D}^{-\frac{1}{2}} X^{(l)} W^{(l)}) \tag{6-28}$$

$$\tilde{A} = A + I \tag{6-29}$$

式中　I——单位矩阵；

$\tilde{D}$——$\tilde{A}$ 的度矩阵；

σ——非线性激活函数；

$W^{(l)}$——第 l 层的权重矩阵。

现构造一个两层的 GCN，激活函数分别采用 ReLU 和 Softmax，则整体的正向传播的公式如下所示：

$$Z = f(X,A) = \text{Softmax}(\tilde{A} \text{ReLU}(\tilde{A} X W_0) W_1) \tag{6-30}$$

$$\tilde{A} = D^{-\frac{1}{2}} \tilde{A} D^{-\frac{1}{2}} \tag{6-31}$$

式中　W_0——第一层权重矩阵；

W_1——第二层权重矩阵。

优化的损失函数为交叉熵损失，并通过加入了 L_2 正则化项减少模型参数的复杂度，防止过拟合。

$$L_2 = -\sum_{m \in y_D} \sum_{n=1}^{|D|} Y_{mn} \ln Z_{mn} + \lambda \|\Theta\|_2 \tag{6-32}$$

式中　y_D——用于训练短文本索引集合；

Y_{mn}, Z_{mn}——真实标签和预测标签指示矩阵；

λ——正则化项的权重系数，用来平衡损失函数中的预测误差和正则化项的影响。

6.3.3　模型应用效果

6.3.3.1　数据描述和评价指标

实验数据来自2021年3月新浪微博热门话题数据集，在数据集中抽取新闻标题文本，文本长度在20～30之间，选择其中财经、教育、房产、娱乐、文化、汽车、运动7个类别。按文本数据量大小设计三组实验，每组实验数据按8：1：1的比例将数据集划分为训练集、验证集和测试集。数据集详细信息见表6-6。数据分类常用评价指标有精确率（P）、召回率（R）和F1值，F1值是精确率和召回率的调和平均值，其值越接近1，说明分类器性能越好。

表6-6　实验数据设置

类　　别	文本数据量		
	A	B	C
财经	2000	6000	9000
教育	1000	3000	7000
房产	1000	3000	7000
娱乐	3000	7000	11000
文化	1000	2000	4000
汽车	3000	7000	10000
运动	4000	8000	13000

6.3.3.2　对比模型和参数设置

选择TextCNN和LSTM作为实验对比模型，两个模型均使用Word2Vec训练词向量作为输入。词向量维度设置为200。学习率设置为0.001，Dropout率设置为0.5，Epoch设置为60，如果连续多个Epoch关于验证集的损失没有减少，则停止训练。正则化项的权重系数$\lambda = 5 \times 10^{-6}$。

6.3.3.3　实验结果

A　边权值分析

构建的异构图作为GCN的输入，包含节点间关联的边，通过式（6-25）～式（6-27）已经对边权值进行了归一化查理。图的边数直接影响GCN模型训练结果，边越丰富，越能体现文档节点更丰富的特征表示，但也因此产生更高的计算复杂性和模型的过拟合；边越稀疏，可能导致信息传播有限，影响分类结果。实验中，从$e(u,v)$为0.1、0.2、0.3和0.4进行边的删减，得到模型分类F1值。

图 6-11 反映了 MSF-GCN 模型在删除不同边权值下 F1 值的变化。整体而言，删除一些关联性较小的边，模型的性能呈上升趋势，这表明降低连接密度增强了主题语义特征与文档之间的关联，能够更好地捕捉数据中的结构和关系。对于 A 组和 B 组实验，数据规模较小，当边权值设定为 0.2 时，多数类别的性能达到顶峰，这说明在此连接密度下，模型能够有效地理解和利用图中的信息。对于 C 组数据，随着数据规模的增加，边权值设定为 0.3 时，模型的 F1 值达到最好。随着边权值增加，模型信息量减少，从而影响了模型的泛化能力。这一结果说明在设计和优化图卷积网络时选择适当边数的重要性，以确保模型能够有效地学习而不是被过度复杂的数据结构所干扰。

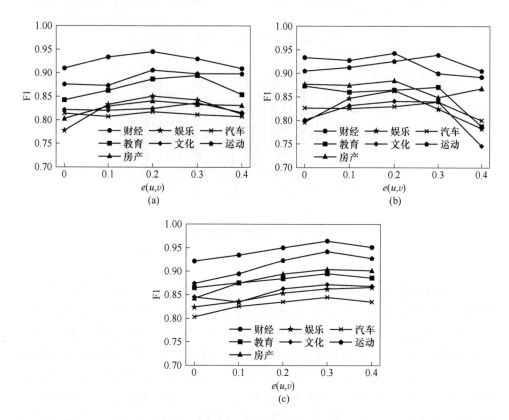

图 6-11　边权值分析

（a）A 组数据集；（b）B 组数据集；（c）C 组数据集

B　MSF-GCN 模型验证

在上述最优边权值基础上，我们分别在不同大小数据集上做了 A、B、C 三组实验，评价指标选择 F1 值，实验结果如图 6-12 所示。

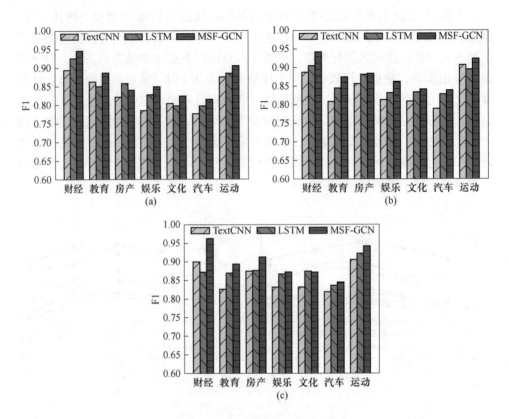

图 6-12　分类模型 F1 值对比
（a）A 组数据集；（b）B 组数据集；（c）C 组数据集

　　从实验结果分析，MSF-GCN 在各个类别上分类效果普遍优于 TextCNN 和 LSTM，在分类任务中，平均 F1 值分别提升了 3.6%、4.2%、4.5%，显示出多特征语义构建的该模型具有强大性能和良好的泛化能力。当数据集规模增大时，MSF-GCN 的性能提升最为显著，表明其在捕捉数据中的复杂关系方面具有明显优势。相比之下，LSTM 在不同规模的数据集非常稳定，尤其是在中等规模的数据集上性能较好，但在数据规模进一步增大时，其性能提升并不如 MSF-GCN 显著。TextCNN 虽然在所有规模的数据集中表现最弱，但其性能随着数据集规模的增长也有所提升，尽管提升幅度较小。

6.3.4　结论

　　针对短文本分类问题，特别关注了其中的名词及其短语对分类准确性的影响。为此，提出了一种结合多元语义特征和图卷积神经网络（MSF-GCN）的短文本分类模型。通过实验验证，在融合了丰富语义特征后，该 MSF-GCN 模型在处理短文本分类任务时能够显著提升效果，证明了图卷积神经网络在增强语义特征解析方面的有效性。

6.4 未来发展趋势与挑战

随着社交媒体和数字通信的蓬勃发展，短文本数据成为了信息时代的重要组成部分。从推特消息到产品评论，这些简短的文本片段蕴含着丰富的信息和洞察。深度学习技术在短文本分类中的应用，如情感分析、话题识别等，已经显示出巨大的潜力。然而，这一领域的迅速发展也带来了一系列的挑战，包括如何从有限的文本中提取有效信息，以及如何处理和分析海量的实时数据。

面对短文本分类中的数据稀缺性问题，小样本学习提供了一种有效的解决方案。这种方法的核心是使深度学习模型能够从有限的数据中学习并做出准确的预测。相关技术如元学习和迁移学习正被广泛研究，以提高模型在不同任务之间的泛化能力。例如，在特定行业如医疗保健或金融领域，标注数据可能难以获得或代价昂贵。小样本学习在这些领域的应用，可以帮助模型更有效地理解专业术语和行业特定的表达方式，从而提高分类的准确性和可靠性。

随着技术的进步，多模态学习已成为短文本分类的一个重要趋势。这种方法结合了来自文本、图像、声音等多种数据源的信息，以获得更全面的理解。在社交媒体分析中，除了文本内容，伴随的图片或视频也为理解用户的情感和意图提供了额外的线索。然而，多模态学习也面临着其自身的挑战，包括如何有效地融合来自不同源的数据，以及如何处理和分析这些数据所需的高级计算资源。

在短文本分类中，自动化和实时处理的需求日益增长。随着在线数据量的激增，快速、高效地处理这些数据变得至关重要。这不仅需要强大的算法，还需要足够的计算资源来支持实时分析。例如，在金融市场监控或公共安全领域，能够实时分析大量社交媒体内容的系统可以快速识别市场趋势或紧急事件，从而为决策提供关键信息。

展望未来，深度学习在短文本分类中的应用将继续扩大和深化。随着新算法的不断开发和现有技术的优化，我们可以预见到更加精准和高效的分类模型的出现。同时，随着对模型透明度和可解释性的要求日益增长，未来的研究也将致力于提高模型的可解释性，以及在保障数据隐私和伦理方面的工作。总体来看，深度学习将继续在短文本分类领域发挥其强大的潜力，推动相关领域的发展。

结　　语

本书深入探索了深度学习技术如何革新短文本分类领域，全面阐述了深度学习的基础理论、关键技术和各种模型，如 CNN、RNN、LSTM，以及更高级的结构如 Transformer 和 BERT。此外，书中详细分析了这些模型在短文本分类中的具体应用。

短文本分类作为文本挖掘的关键任务，涉及将文本数据自动分类到预定义的类别中。本书强调了短文本分类的挑战，特别是由于文本长度限制带来的信息稀缺性问题，同时指出了深度学习在处理这些问题上的优势。通过词嵌入技术和复杂的网络结构，深度学习模型能够有效捕捉文本的深层语义和结构特征，从而在各种实际应用，如情感分析、主题分类和意图识别中，表现出色。此外，书中还讨论了短文本处理中的特殊挑战，如上下文信息的丰富程度、特征提取的困难、歧义和不确定性的处理，以及信息冗余与缺失等问题。这些挑战使得短文本分类比长文本分类更加复杂和困难，需要更精细和高效的算法来处理。

在深度学习技术的支持下，短文本分类的准确度和效率得到了显著的提升。深度学习模型通过构建复杂的网络结构，从大量数据中自动学习特征，展示了强大的语义理解能力。特别是在自然语言处理领域，深度学习技术通过词嵌入、复杂网络结构和注意力机制等手段，有效地捕捉了单词间的微妙关系和文本结构，提高了模型对文本上下文和结构的理解能力。

总之，本书为深度学习在短文本分类中的应用提供了全面的视角，展示了深度学习技术在解决实际问题上的强大能力，并为未来的研究和应用开辟了新的道路。随着深度学习技术的不断进步和创新，我们有理由相信，短文本分类的准确度和效率将得到更进一步的提升，从而在信息爆炸的时代中更好地服务于社会和经济发展。

参 考 文 献

［1］邓丁朋，周亚建，池俊辉，等. 短文本分类技术研究综述［J］. 软件，2020，41（2）：141-144.

［2］那日萨，刘影，李媛. 消费者网络评论的情感模糊计算与产品推荐研究［J］. 广西师范大学学报（自然科学版），2010，28（1）：143-146.

［3］杜启明，李男，刘文甫，等. 结合上下文和依存句法信息的中文短文本情感分析［J］. 计算机科学，2023，50（3）：307-314.

［4］付静，龚永罡，廉小亲，等. 基于 BERT-LDA 的新闻短文本分类方法［J］. 信息技术与信息化，2021（2）：127-129.

［5］王浩畅，孙铭泽. 基于 ERNIE-RCNN 模型的中文短文本分类［J］. 计算机技术与发展，2022，32（6）：28-33.

［6］Kim Y. Convolutional neural networks for sentence classification［J］. ArXiv Preprint ArXiv：10.3115，2014.

［7］Rumelhart D E, Hinton G E, Williams R J. Learning representations by back-propagating errors［J］. Nature，1986，323（6088）：533-536.

［8］Vaswani A, Shazeer N, Parmar N, et al. Attention is all you need［J］. Advances in Neural Information Processing Systems，2017：30.

［9］淦亚婷，安建业，徐雪. 基于深度学习的短文本分类方法研究综述［J］. 计算机工程与应用，2023，59（4）：43-53.

［10］Sparck Jones K. A statistical interpretation of term specificity and its application in retrieval［J］. Journal of Documentation，1972，28（1）：11-21.

［11］刘硕，王庚润，李英乐，等. 中文短文本分类技术研究综述［J］. 信息工程大学学报，2021，22（3）：304-312.

［12］陈静，梁俊毅. 自然语言处理中的深度学习方法研究［J］. 计算机应用文摘，2023，39（17）：130-132.

［13］汤凌燕，熊聪聪，王嫄，等. 基于深度学习的短文本情感倾向分析综述［J］. 计算机科学与探索，2021，15（5）：794-811.

［14］Devlin J, Chang M W, Lee K, et al. Bert：Pre-training of deep bidirectional transformers for language understanding［J］. ArXiv Preprint ArXiv：1810.04805，2018.

［15］Li M, Ruan W, Liu X, et al. Improving spoken language understanding by exploiting ASR N-best hypotheses［J］. ArXiv Preprint ArXiv：10.48550，2018.

［16］张国有，高希. 融合注意力的轻量型垃圾分类研究［J］. 计算机技术与发展，2023，33（3）：49-56.

［17］LeCun Y, Boser B, Denker J S, et al. Backpropagation applied to handwritten zip code recognition［J］. Neural Computation，1989，1（4）：541-551.

［18］Hinton G E, Osindero S, Teh Y W. A fast learning algorithm for deep belief nets［J］. Neural Computation，2006，18（7）：1527-1554.

［19］Hochreiter S, Schmidhuber J. Long short-term memory［J］. Neural Computation，1997，9

(8): 1735-1780.

[20] 王亚珅. 2020 年深度学习技术发展综述 [J]. 无人系统技术, 2021, 4 (2): 1-7.

[21] Krizhevsky A, Sutskever I, Hinton G E. Imagenet classification with deep convolutional neural networks [J]. Advances in Neural Information Processing Systems, 2012, 25: 1097-1105.

[22] Goodfellow I, Pouget-Abadie J, Mirza M, et al. Generative adversarial nets [J]. Advances in Neural Information Processing Systems, 2014: 27.

[23] Nair V, Hinton G E. Rectified linear units improve restricted boltzmann machines [C]// Proceedings of the 27th International Conference on Machine Learning (ICML-10), 2010: 807-814.

[24] LeCun Y, Bottou L, Orr G B, et al. Efficient Backprop [M]//Neural Networks: Tricks of the trade. Berlin, Heidelberg: Springer Berlin Heidelberg, 2002: 9-50.

[25] Shannon C E. A mathematical theory of communication [J]. The Bell System Technical Journal, 1948, 27 (3): 379-423.

[26] Huber P J. Robust Estimation of A Location Parameter [M]//Breakthroughs in Statistics: Methodology and Distribution. New York, NY: Springer New York, 1992: 492-518.

[27] Courant R. Variational methods for the solution of problems of equilibrium and vibrations [J]. Bulletin of the American Mathematical Society, 1943, 49 (1): 1-23.

[28] Robbins H, Monro S. A stochastic approximation method [J]. The Annals of Mathematical Statistics, 1951, 22 (3): 400-407.

[29] Polyak B T. Some methods of speeding up the convergence of iteration methods [J]. Ussr Computational Mathematics and Mathematical Physics, 1964, 4 (5): 1-17.

[30] Attouch H, Peypouquet J. The rate of convergence of Nesterov's accelerated forward-backward method is actually faster than $1/k^{-2}$ [J]. SIAM Journal on Optimization, 2016, 26 (3): 1824-1834.

[31] Duchi J, Hazan E, Singer Y. Adaptive subgradient methods for online learning and stochastic optimization [J]. Journal of Machine Learning Research, 2011, 12 (7): 2121-2159.

[32] Tieleman T. Lecture 6.5-rmsprop: Divide the gradient by a running average of its recent magnitude [J]. COURSERA: Neural Networks for Machine Learning, 2012, 4 (2): 26.

[33] Kingma D P, Ba J. Adam: A method for stochastic optimization [J]. ArXiv Preprint ArXiv: 1412.6980, 2014.

[34] Zou H, Hastie T. Regularization and variable selection via the elastic net [J]. Journal of the Royal Statistical Society Series B: Statistical Methodology, 2005, 67 (2): 301-320.

[35] Pan S J, Yang Q. A survey on transfer learning [J]. IEEE Transactions on Knowledge and Data Engineering, 2009, 22 (10): 1345-1359.

[36] Bahdanau D, Cho K, Bengio Y. Neural machine translation by jointly learning to align and translate [J]. ArXiv Preprint ArXiv: 1409.0473, 2014.

[37] Li L, Jamieson K, DeSalvo G, et al. Hyperband: A novel bandit-based approach to hyperparameter optimization [J]. Journal of Machine Learning Research, 2018, 18 (185): 1-52.

［38］ Claesen M, De Moor B. Hyperparameter search in machine learning ［J］. ArXiv Preprint ArXiv: 1502.02127, 2015.

［39］ Bergstra J, Bengio Y. Random search for hyper-parameter optimization ［J］. Journal of Machine Learning Research, 2012, 13 (2): 281-305.

［40］ Shahriari B, Swersky K, Wang Z, et al. Taking the human out of the loop: A review of Bayesian optimization ［J］. Proceedings of the IEEE, 2015, 104 (1): 148-175.

［41］ Shapiro J. Genetic Algorithms in Machine Learning ［M］//Advanced Course on Artificial Intelligence. Berlin, Heidelberg: Springer Berlin Heidelberg, 1999: 146-168.

［42］ Stehman S V. Selecting and interpreting measures of thematic classification accuracy ［J］. Remote Sensing of Environment, 1997, 62 (1): 77-89.

［43］ Fawcett T. An introduction to ROC analysis ［J］. Pattern Recognition Letters, 2006, 27 (8): 861-874.

［44］ Bradley A P. The use of the area under the ROC curve in the evaluation of machine learning algorithms ［J］. Pattern Recognition, 1997, 30 (7): 1145-1159.

［45］ James G, Witten D, Hastie T, et al. An Introduction to Statistical Learning ［M］. New York: Springer, 2013.

［46］ Kawaguchi K. Deep learning without poor local minima ［J］. Advances in Neural Information Processing Systems, 2016: 29.

［47］ Ioffe S, Szegedy C. Batch normalization: Accelerating deep network training by reducing internal covariate shift ［C］//International Conference on Machine Learning. Pmlr, 2015: 448-456.

［48］ Cho K, Van Merriënboer B, Gulcehre C, et al. Learning phrase representations using RNN encoder-decoder for statistical machine translation ［J］. ArXiv Preprint ArXiv: 1406.1078, 2014.

［49］ Kingma D P, Welling M. Auto-encoding variational bayes ［J］. ArXiv Preprint ArXiv: 1312.6114, 2013.

［50］ Huang Z, Xu W, Yu K. Bidirectional LSTM-CRF models for sequence tagging ［J］. ArXiv Preprint ArXiv: 1508.01991, 2015.

［51］ Zhang H P, Yu H K, Xiong D, et al. HHMM-based Chinese lexical analyzer ICTCLAS ［C］// Proceedings of the Second SIGHAN Workshop on Chinese Language Processing, 2003: 184-187.

［52］ 邢玲, 程兵. 基于结巴分词的领域自适应分词方法研究 ［J］. 计算机仿真, 2023, 40 (4): 310-316, 503.

［53］ Joachims T. Text categorization with support vector machines: Learning with many relevant features ［C］//European Conference on Machine Learning. Berlin, Heidelberg: Springer Berlin Heidelberg, 1998: 137-142.

［54］ Liu Y, Ott M, Goyal N, et al. Roberta: A robustly optimized bert pretraining approach ［J］. ArXiv Preprint ArXiv: 1907.11692, 2019.

［55］ Bengio Y, Ducharme R, Vincent P. A neural probabilistic language model ［J］. Advances in Neural Information Processing Systems, 2000, 3 (13): 1137-1155.

[56] Mikolov T, Chen K, Corrado G, et al. Efficient estimation of word representations in vector space [J]. ArXiv Preprint ArXiv: 1301. 3781, 2013.

[57] Pennington J, Socher R, Manning C D. Glove: Global vectors for word representation [C]// Proceedings of the 2014 Conference on Empirical Methods in Natural Language Processing (EMNLP), 2014: 1532-1543.

[58] Bojanowski P, Grave E, Joulin A, et al. Enriching word vectors with subword information [J]. Transactions of the Association for Computational Linguistics, 2017, 5: 135-146.

[59] Brown P F, Della Pietra V J, Desouza P V, et al. Class-based N-gram models of natural language [J]. Computational Linguistics, 1992, 18 (4): 467-480.

[60] Chen D, Manning C D. A fast and accurate dependency parser using neural networks [C]// Proceedings of the 2014 Conference on Empirical Methods in Natural Language Processing (EMNLP), 2014: 740-750.

[61] Liu Z, Qin Z, Zhao W. Review and prospect of research on ancient book information processing in China [J]. Malaysian Journal of Library and Information Science, 2021, 26 (3): 77-95.

[62] Che W, Li Z, Liu T. Ltp: A chinese language technology platform [C]//Proceedings of the 23rd International Conference on Computational Linguistics: Demonstrations, 2010: 13-16.

[63] Sun M, Chen X, Zhang K, et al. Thulac: An efficient lexical analyzer for Chinese [J]. Retrieved Jan, 2016, 10: 2022.

[64] Blei D M, Ng A Y, Jordan M I. Latent dirichlet allocation [J]. Journal of Machine Learning Research, 2003, 3: 993-1022.

[65] Lee D D, Seung H S. Learning the parts of objects by non-negative matrix factorization [J]. Nature, 1999, 401 (6755): 788-791.

[66] Deerwester S, Dumais S T, Furnas G W, et al. Indexing by latent semantic analysis [J]. Journal of the American Society for Information Science, 1990, 41 (6): 391-407.

[67] Yan X, Guo J, Lan Y, et al. A biterm topic model for short texts [C]//Proceedings of the 22nd International Conference on World Wide Web, 2013: 1445-1456.

[68] Lappin S, Leass H J. An algorithm for pronominal anaphora resolution [J]. Computational Linguistics, 1994, 20 (4): 535-561.

[69] 李书星, 胡慧君, 刘茂福. 基于语感一致性的社交媒体图文情感分析 [J]. 中国科技论文, 2023, 18 (3): 322-329.

[70] 李俊峰, 黄秀彬, 刘娟, 等. 基于自适应多叉树防碰撞算法的智能客服 NLP 短文本分类模型 [J]. 微型电脑应用, 2023, 39 (1): 45-48.

[71] 张丽杰, 张甜甜, 周威威. 抽取式文本摘要新闻文本分类 [J]. 长春工业大学学报, 2021, 42 (6): 558-564.

[72] 王艳, 景韶光, 李雪耀, 等. 基于分类方法的内容过滤推荐技术 [J]. 情报杂志, 2005, 24 (8): 3.

[73] 陈宇龙, 孙广宇. 中国股票市场操纵识别研究——基于机器学习分类算法 [J]. 中央财经大学学报, 2023 (3): 56-67.

[74] 胡小娟, 刘磊, 邱宁佳. 基于主动学习和否定选择的垃圾邮件分类算法 [J]. 电子学

报，2018，46（1）：203-209.

[75] 刘勇. 基于学生体质健康数据的分类教育和运动干预研究［J］. 中文科技期刊数据库（全文版）社会科学，2023（4）：0082-0086.

[76] 陈萌，和志强，王梦雪. 词嵌入模型研究综述［J］. 河北省科学院学报，2021，38（2）：8-16.

[77] 梁杰，陈嘉豪，张雪芹，等. 基于独热编码和卷积神经网络的异常检测［J］. 清华大学学报（自然科学版），2019，59（7）：523-529.

[78] Liu Y, Che W, Wang Y, et al. Deep contextualized word embeddings for universal dependency parsing［J］. ACM Transactions on Asian and Low-Resource Language Information Processing（TALLIP），2019，19（1）：1-17.

[79] Kipf T N, Welling M. Semi-supervised classification with graph convolutional networks［J］. ArXiv Preprint ArXiv：1609.02907，2016.

[80] Sanh V, Debut L, Chaumond J, et al. DistilBERT, a distilled version of BERT：smaller, faster, cheaper and lighter［J］. ArXiv Preprint ArXiv：1910.01108，2019.

[81] 刘晓琳，曹付元，梁吉业. 面向新闻评论的短文本增量聚类算法［J］. 计算机科学与探索，2018，12（6）：1673-9418.

[82] 孟令达，周喜. 基于区域—频道访问度的民意热点信息挖掘算法［J］. 计算机应用研究，2013，30（7）：1939-1941，1945.

[83] 赵震，任永昌. 大数据时代基于云计算的电子政务平台研究［J］. 计算机技术与发展，2015，25（10）：145-148.

[84] 姚璐. 主题相似性聚类下时政新闻敏感信息过滤方法［J］. 信息技术，2022，46（4）：107-111.

[85] 张佳明，王波，唐浩浩，等. 基于 Biterm 主题模型的无监督微博情感倾向性分析［J］. 计算机工程，2015，41（7）：219-223，229.

[86] Salton G. The SMART system［J］. Retrieval Results and Future Plans，1971，11（4）：43-44.

[87] 王婷，杨文忠. 文本情感分析方法研究综述［J］. 计算机工程与应用，2021，57（12）：11-24.

[88] 佘久洲，叶施仁，王晖. 基于图卷积网络的短文本情感分类标注［J］. 计算机应用与软件，2022，39（11）：187-193，214.

[89] 林原，王凯巧，杨亮，等. 基于 pu-learning 的同行评议文本情感分析［J］. 计算机工程与应用，2023，59（3）：143-149.

[90] 陈志刚，岳倩. 深度学习网络模型在文本情感分类任务中的应用研究综述［J］. 图书情报研究，2022，15（1）：103-112.

[91] 蒋延杰，李云红，苏雪平，等. 基于特征权重的词向量文本表示模型［J］. 西安工程大学学报，2022，36（1）：108-114.

[92] 程秀峰，邹晶晶，叶光辉，等. 融合 Word2Vec 的半积累引用共词网络的领域主题演化研究［J］. 情报学报，2023，42（7）：801-815.

[93] 张海鹰. 面向心理健康与改进 CNN-BiLSTM 的文本情感分类研究［J］. 信息技术，

2023, 47（4）：79-84, 90.

[94] Kim D, Kim Y J, Jeong Y S. Graph convolutional networks with POS gate for aspect-based sentiment analysis［J］. Applied Sciences, 2022, 12（19）：10134.

[95] Passricha V, Aggarwal R K. A hybrid of deep CNN and bidirectional LSTM for automatic speech recognition［J］. Journal of Intelligent Systems, 2019, 29（1）：1261-1274.

[96] 滕飞，郑超美，李文. 基于长短期记忆多维主题情感倾向性分析模型［J］. 计算机应用，2016, 36（8）：2252-2256.

[97] 王学贺，李晓磊，赵华. 基于双向 LSTM 和 LDA 的新冠肺炎情感分类和热门主题挖掘方法［J］. 宁夏大学学报（自然科学版），2022, 43（3）：304-308, 317.

[98] 张帅，黄勃，巨家骥. 一种改进的融合文本主题特征的情感分析模型［J］. 数据与计算发展前沿，2022, 4（6）：118-128.

[99] Wang X, Zong C. Learning category distribution for text classification［J］. ACM Transactions on Asian and Low-Resource Language Information Processing, 2023, 22（4）：1-13.

[100] 李家俊. 基于多特征加权和混合网络的文本情感分类算法研究［D］. 成都：西南交通大学，2021.

[101] 严驰腾，何利力. 基于 BERT 的双通道神经网络模型文本情感分析研究［J］. 智能计算机与应用，2022, 12（5）：16-22.

[102] 万俊杰，任丽佳，单鸿涛，等. 双通道的 BCBLA 情感分类模型［J］. 小型微型计算机系统，2023, 44（5）：954-960.

[103] 温创斐，曾安，潘丹. 基于 LSTM/GCN 的在线学习文本特征提取方法［J］. 计算机科学与应用，2021, 11（3）：770-781.

[104] 赵晓平，黄祖源，黄世锋，等. 一种结合 TF-IDF 方法和词向量的短文本聚类算法［J］. 电子设计工程，2020, 28（21）：5-9.

[105] 黄春梅，王松磊. 基于词袋模型和 TF-IDF 的短文本分类研究［J］. 软件工程，2020, 23（3）：1-3.

[106] 张谦，高章敏，刘嘉勇. 基于 Word2Vec 的微博短文本分类研究［J］. 信息网络安全，2017（1）：57-62.

[107] 陈蓝，杨帆，曾桢. 优化预训练模型的小语料中文文本分类方法［J］. 现代计算机，2022, 28（16）：1-8, 15.

[108] 韩栋，王春华，肖敏. 基于句子级学习改进 CNN 的短文本分类方法［J］. 计算机工程与设计，2019, 40（1）：256-260, 284.

[109] 张英，郑秋生. 基于循环神经网络的互联网短文本情感要素抽取［J］. 中原工学院学报，2016, 27（6）：82-86.

[110] Li Y, Yu R, Shahabi C, et al. Diffusion convolutional recurrent neural network：Data-driven traffic forecasting［J］. ArXiv Preprint ArXiv：1707.01926, 2017.

[111] 张震，汤鲲，邱秀连. 基于 BERT-LDA 模型的短文本主题挖掘［J］. 计算机与数字工程，2023, 51（9）：2098-2102.

[112] 袁自勇，高曙，曹姣，等. 基于异构图卷积网络的小样本短文本分类方法［J］. 计算机工程，2021, 47（12）：87-94.

[113] 蒋云良，王青朋，张雄涛，等．基于门控双层异构图注意力网络的半监督短文本分类 [J]．模式识别与人工智能，2023，36（7）：602-612.

[114] 李亚红，王素格，李德玉．使用多元语义特征的评论文本主题聚类 [J]．计算机工程与应用，2013，49（2）：188-193.

[115] 赵铁军，朱聪慧．世界最大的自然语言处理和语音技术实验室——哈尔滨工业大学语言语音教育部-微软重点实验室 [J]．计算机教育，2007（6S）：11-14.